文字录入项目教程

第 2 版

主　编　丛春燕　朱延庆

副主编　杨寅菊　薛雯波

参　编　卢小燕　汤　颖　苏　扬　鲍平平

　　　　徐薇薇　崔绒花　李　霞

机械工业出版社

本书采用模块化的编写方法，分为指法训练、五笔字型输入法、录入综合训练和常用汉字五笔字型编码速查表四个模块。

本书打破以往文字录入教材的格局，对文字录入的重点内容进行了调整。本书的重点放在提高打字速度上，从指法开始，到快速五笔打字、中文打字，一点一点地讲述打字要领，精心组织练习内容，由简到繁，逐步提高打字技能。在拓展知识点和拓展阅读中，增加了文字录入的相关知识，注重内容的时效性和趣味性，在提高打字技能的同时，既拓宽了专业知识面，又使身心得到了放松。在提供的练习素材中，既做到循序渐进，又注意到内容的广泛性，紧跟时代步伐，紧扣思政要点，使学生在不知不觉中，提高打字速度。

本书既可作为中等职业学校计算机应用及相关专业的教材，又可作为即将从事文字处理工作的人员的自学用书。本书涉及的"单项练习""综合练习"等教学资源，教师可在机械工业出版社教育服务网www.cmpedu.com免费注册下载。

图书在版编目（CIP）数据

文字录入项目教程/丛春燕，朱延庆主编．—2版．—北京：机械工业出版社，2024.1（2024.8重印）
ISBN 978-7-111-74818-2

Ⅰ．①文…　Ⅱ．①丛…　②朱…　Ⅲ．①文字处理—中等专业学校—教材　Ⅳ．①TP391.1

中国国家版本馆CIP数据核字（2024）第035863号

机械工业出版社（北京市百万庄大街22号　邮政编码100037）
策划编辑：赵志鹏　　　　　　责任编辑：赵志鹏
责任校对：高凯月　张昕妍　　封面设计：马精明
责任印制：邓　博
北京盛通数码印刷有限公司印刷
2024 年 8 月第 2 版第 2 次印刷
210mm×285mm · 12 印张 · 244 千字
标准书号：ISBN 978-7-111-74818-2
定价：39.00元

电话服务　　　　　　　　　　网络服务
客服电话：010-88361066　　　机 工 官 网：www.cmpbook.com
　　　　　010-88379833　　　机 工 官 博：weibo.com/cmp1952
　　　　　010-68326294　　　金 书 网：www.golden-book.com
封底无防伪标均为盗版　　机工教育服务网：www.cmpedu.com

前言

为固化、推广先进的课程改革成果，促进高水平课程改革成果的普及，引领、带动整个职业教育水平的提高，在充分研讨、交流文字录入人才需求特点、专业设置特点的基础上，结合人才培养方案改革、教学改革等，由长期担任本课程教学的老师编写了本教材。

本教材以岗位职业能力分析和职业技能考证为指导，采用以"项目为主线、教师为引导、学生为主体"的项目教学法，注重理论与实践相结合，实现师生共同完成每一个教学项目的目标。

本教材旨在培养学生学会用五笔输入法打字，同时熟练运用其他输入法，如拼音输入法，并要求英文打字速度达到120字符/分钟，中文打字速度达到60字/分钟。为此，本教材的内容做了如下安排。

1. 本教材共有四个教学模块，每个模块由若干个项目组成，每一个项目设计几个小任务，每个任务用两课时完成。

（1）模块一指法训练，通过练习指法，达到熟练掌握英文（大小写）、数字、字符混合输入的技巧，每分钟正确击键达到120次以上。

（2）模块二五笔字型输入法，通过练习，达到能熟练使用五笔字型输入法，每分钟输入中文40字以上的目的。

（3）模块三录入综合训练，通过对不同类型文稿输入的练习，掌握字符、符号和混合文本录入技巧，能每分钟输入中文60字以上。

（4）模块四常用汉字五笔字型编码速查表，供学习时查询使用。

2. 教学中，注意避免枯燥、单调的练习。采用项目教学，激发学生的学习兴趣，达到良好的教学效果。

（1）练习的素材中注重思政元素的加入，通过创设趣味性情景，练习热点新闻报道、故事、日常工作报告等不同文件形式，旨在不断提高学生学习兴趣，让学生愉快完成学习。

（2）采用现场教学，注重以学生为主，"教"与"学"互动。在教学过程中，由教师提出分类推进的项目要求，学生在不断练习中逐步达到目标，掌握相应的职业能力。

（3）教学过程中，有意识地将打字高手的经验不断地介绍给学生，指导学生正确练习，不断进步。

3. 本教材增加了拓展阅读和新的知识点。体现新知识、新技术、新方法，适当留有供自学和拓展学习的知识内容。

（1）通过拓展阅读，了解键盘的发展过程、汉字输入法的发展历程。注意阅读题材的时效性、趣味性，让学生在枯燥的打字练习中放松身心。

（2）通过学习新的知识点，了解不同类型的汉字输入法及各自特点，针对不同年龄层次用户推荐适合使用的输入法；同时对于输入过程中出现的各类符号、各种需求；能根据不同的输入设备选择合适的输入法；了解文字输入法在当代的发展现状、发展趋势，并展望美好未来，增强自豪感、使命感；了解文字在计算机内部的处理过程，拓宽专业知识面。

4. 本课程以实训为主。在教学过程中，立足于加强学生实际操作能力的培养，通过大量练习提高打字技能。

5. 本教材采用过程评价、阶段评价和综合评价相结合的全新评价方法。结合平时测验、小组赛等多种形式，全面评定学生的学习成绩。充分发挥学生的主动性和积极性，提高学生的职业素养和职业能力。

6. 本教材注意培养学生踏实、稳重、善于沟通和合作的品质，为提升学生职业素养奠定良好的基础。

7. 本教材将职业标准、岗位技能、专业知识、思政元素、等级证书有机结合，融价值塑造、知识传授和能力培养为一体，使学生在提升专业技能的同时，养成良好职业习惯，全面提升自身综合素质和职业素养。

由于编者水平有限，书中难免有不当之处，恳请读者不吝指正。

编　者

目 录

◆ 模块 1
指 法 训 练

📝 学习目标

- ◯ 能熟练使用计算机键盘。
- ◯ 熟练进行英文打字。
- ◯ 熟练掌握英文（大小写）、数字、字符混合输入的技巧。

🎯 能力目标

- ◯ 能按指法要求输入英文字母和各种字符，每分钟正确击键120次以上。
- ◯ 养成正确的打字姿势。千里之行始于足下，良好的打字习惯，受益终生。

项目1.1 了解打字

项目描述

了解键盘，打字的姿势、要求，盲打的要求。

项目实施要求

了解目前常用键盘的种类、分区，正确的打字姿势，盲打的要求。

项目任务单

1	了解键盘
2	了解打字姿势
3	了解打字要求
4	了解盲打要求
5	课后作业

任务1 了解键盘

知识点

新手打字要先练习正确的指法，不要急于进行中文输入的练习。当击键达到一定速度之后再开始打字练习，才能达到事半功倍的效果。因为错误的指法会影响打字速度，以后纠正起来很困难。

键盘大体上可以分为标准键盘、非标准键盘和专用键盘三种，一般占据市场主流地位的是101键和104键键盘。近年来，紧随104键键盘出现的是新兴多媒体键盘，它在传统键盘的基础上又增加了不少常用快捷键或音量调节装置，使计算机操作进一步简化。这些键盘基本上都分成五个区，即主键盘区、功能键区、编辑键区、辅助键区和状态指示区，如图1-1-1所示。

图1-1-1 键盘的分区

小提示

随着计算机技术的发展，键盘的形状和功能都更符合用户的要求，常用的键盘有101键、104键和107键，虽然键数不同，但是键盘上基本的按键并没有发生很大变化。

1. 主键盘区

主键盘区也称打字键盘区或字符键盘区，具有标准英文打字机键盘的格式。它的排列位置与英文字母的使用频率有关。使用频率最高的键放在中间，使用频率低的放在两边，这种排放方式是依据我们手指击键的灵活程度排出来的。食指、中指比小指和无名指的灵活度和力度高，故击键的速度也相对快一些，所以中指和无名指所负责的字母键都是使用频率最高的。

主键盘区是计算机键盘中最重要的键区，它包括的键数最多，使用的频率也最高。这个区包括：字母键（A～Z）26个，数字键（0～9）10个，专用符号键（如/、+、−、*等）和特殊功能键（如Enter、Ctrl、Alt等）。

小提示

在"控制面板"窗口中，双击"键盘"图标，打开"键盘属性"对话框，可以设置键盘的速度和语言。

2. 功能键区

在键盘的右方或上方有十个或十几个功能键，其功能根据不同的软件和用户设定。

3. 编辑键区

编辑键区位于主键盘区和辅助键盘区之间，它们可以完成一定的控制功能，与功能键相同，它们的控制功能也是在一定的操作系统和软件中完成的。从数据录入的角度来说，该键区只是起到一定的辅助作用，使用率不高。但是目前的一些实用软件中，允许用户通过控制键对程序或数据库进行编辑，使得该键区的使用率有所上升。

PrintScreen：屏幕打印键。在DOS操作系统中可以直接将屏幕图像输出到打印机，在Windows操作系统中则把当前屏幕的显示内容作为一个图像复制到剪贴板上。

Pause/Break：暂停屏幕显示键。DOS操作系统中，按<Ctrl>+<Pause/Break>组合键，可终止程序的执行。

Scroll Lock：停止屏幕信息滚动键。在DOS操作系统中使用较多。

Insert：插入键。在插入和替换之间转换。

Home：起始键。按下此键，光标移至当前行的行首。按<Ctrl>+<Home>组合键，光标移至首行行首。

End：终止键。按下此键，光标移至当前行的行尾。按<Ctrl>+<End>组合键，光标移至末行行尾。

Page Up：向前翻页键。按此键，可以翻到上一页。

Page Down：向后翻页键。按此键，可以翻到下一页。

Delete：删除键。可删除紧跟光标后的字符。

4. 辅助键区

键盘的右方还有一个数字小键盘，其上有九个数字键，排列紧凑，可用于数字的连续输入以及大量输入数字的情况，如在财会方面的输入就要常用数字小键盘。当使用数字小键盘输入数字时应按下<Num Lock>键，此时对应的指示灯亮。不用于输入数字时，对应的<Num Lock>指示灯不亮。在编辑状态时上下左右箭头和<Home><End>键用于光标的移动，<Page Up><Page Down>键用于上下翻页等。

① 小提示

在辅助键区上方有三个指示灯，主要用来提示键盘工作状态。其中，Num Lock灯亮时，表示可以在数字键区输入数字，Caps Lock灯亮时，表示目前输入的是大写字母。

5. 状态指示区

状态指示区用来提示一些功能键的状态。

拓展知识点 键盘的起源和发展

最早的键盘是1860年打字机之父克里斯托夫·拉森·肖尔斯（Christopher Latham Sholes）开始研发的现代英文打字机，最初设计的打字机键位按字母表顺序（即ABCDE方式）排列。但是实际使用过程中，肖尔斯发现只要录入的速度稍微加快，打字机就会因连杆之间互相干涉撞击而无法正常工作，于是他另辟蹊径来避免按键干涉现象。通过对英文词组排列方式的研究，肖尔斯将26个英文字母排序打乱后重新排列，尽管这会让用户的输入效率明显降低，但可以保证用户在打字时，打字机不会出现干涉卡死的情况。1868年6月23日，美国专利局授予了肖尔斯及其合作伙伴打字机的发明专利，这就是流传至今的QWERTY键位的起源。

1936年美国人奥古斯特·德沃夏克设计的DVORAK键盘，一度成为QWERTY键盘的最大竞争对手。这种键盘优化了字母之间的距离，使打完一篇文章手指移动的距离显著减少。例如，打完一篇英文短文，DVORAK键盘仅需要移动30米，而QWERTY键盘需要移动54米。但由于人们已经习惯了QWERTY键盘布局下的打字方式，因此很少有人愿意再花时间学习一种新的打字方法，QWERTY键盘得以延续使用。

任务2　了解打字姿势

知识点

开始打字之前一定要端正坐姿。如果坐姿不正确，不但会影响打字速度的提高，而且很容易疲劳和出错。如果以打字为职业，姿势不对还会影响身心健康。所以在开始学习打字之前一定要掌握正确的坐姿。请在开始打字之前根据以下几条检查自己，并仔细体会不同坐姿的不同感受。

1）身体保持端正，两脚平放。桌椅的高度以双手可平放桌上为准，桌、椅间距离以手指能自然放在基准键位为准。

2）两臂自然下垂，两肘贴于腋边。肘关节呈垂直弯曲，手腕平直，身体与打字桌的距离为20～30cm。击键的速度主要来自手腕，所以手腕要下垂不可弓起。

3）打字教材或文稿放在键盘的左边，或用专用夹，夹在显示器旁边。打字时眼观文稿，身体不要跟着倾斜，开始时一定不要养成看键盘输入的习惯，视线应专注于文稿。

4）应默念文稿，不要出声。

5）文稿处要有充足的光线，这样眼睛不易疲劳。正确坐姿如图1-1-2所示。

图1-1-2　正确坐姿

任务3　了解打字要求

知识点

1. 打字的基本指法（主键盘的指法）

我们把"ASDFJKL；"这八个键称为基准键，准备打字时除拇指外其余的八个手指分别放在基准键上。应注意"F"键和"J"键均有突起，两个食指定位其上，拇指放在空格键上，可依此实现盲打，如图1-1-3、图1-1-4所示。

图1-1-3　基准键位手的摆放

图1-1-4　基准键位指法图

2. 要求

1）十指分工，包键到指，分工明确。

2）任一手指击键后都应迅速返回基准键，这样才能熟悉各键位之间的实际距离，实现盲打。

3）平时手指稍微弯曲拱起，手指稍斜垂直放在键盘上，指尖后的第一关节成弧形，轻放键位中间，手腕要悬起不要压在键盘上。击键的力量来自手腕，尤其是小指，仅用它的力量会影响击键的速度。

4）击键要短促，有弹性。用手指击键，不要将手指伸直来按键。

5）速度应保持均衡，击键要有节奏，力求保持匀速，无论哪个手指击键，该手的其他手指也要一起提起上下活动，而另一只手的各指则放在基准位上。

6）空格键用拇指侧击，右手小指击回车键。

任务4 了解盲打要求

知识点

学习计算机打字首先要做到的就是"盲打"，也叫"触觉打字"，就是眼睛不看键盘，只靠指法规律用手触摸打字。如果不按指法规律打字，那么打字时就又要看键盘，又要看稿件，势必顾此失彼，失去快速打字的意义。

单调的重复对于提高技艺是最好的训练，自始至终严格地按指法要求练习，一开始慢点不要紧，只要养成正确的指法，打字速度就会越来越快，并能充分享受到快速打字的"乐趣"。

要做到"盲打"，需注意以下几点。

1）"键感"——所谓"键感"就是在"敲击"字键时要注意"击"键，而不是"按"键和"压"键。

"击"键就要短促有力，一触即起，犹如触电一样，要干脆利落，不可拖泥带水。

"击"键完毕手指要迅速退回原位（基准键）上，不能同时击两个键。

"击"键的频率要均匀而有节奏，这也是提高输入速度的关键技巧之一。

2）"键位"——计算机键盘上的字键的位置是按照各英文字母在文章中出现机会大小来排列的。操作者必须牢记基准键与手指的对应关系。击键后，手指必须回归到原基准键上。

3）"距离"——在强调"击键"的同时，应注意第一指关节与键面的距离（1～1.5cm），也就是说"击"的力度要适当。

4）"键速"—— 掌握正确指法要领的根本目的在于提高击键速度，有一定速度的计算机打字才是真正有实际意义的打字。

任务5 课后作业

要求：牢记打字的姿势及指法要求。

项目1.2 基准键的输入

项目描述

学习基准键位A、S、D、F、J、K、L、；的输入法。

项目实施要求

手指分工明确，准确熟练地输入A、S、D、F、J、K、L、；八个基准键。

项目任务单

1	基本练习
2	强化练习
3	课后作业

任务1 基本练习

知识点

基准键位在键盘中的位置如图1-2-1所示。当手指不用敲击任何键时，手指应固定在基准位上，随时待命。在做基本键练习时，应按规定把手指分布在基准键上，有规律地练习每个手指的指法和键感，同时要学会击打空格键和回车键。

图1-2-1　基准键位示意图

⊙ 小提示

如图1-2-2所示，F键和J键上都有一个凸起的小横杠或小圆点，盲打时可以通过它们找到基准键位。

图1-2-2 定位键键位示意图

■ 基本练习

在WPS中尝试输入练习1～5的内容。

练习1：左右手食指练习

（1）jjff ffjj jjff ffjj jjff ffjj jjff ffjj jjff ffjj jjff ffjj jjff ffjj jjff ffjj jjff ffjj jjff ffjj jjff ffjj

（2）jf fj jf fj jf fj jf fj jf fj jf fj jf fj jf fj jf fj jf fj jf fj jf fj jf fj jf fj jf fj jf fj jf fj jf

（3）jfj fjf jfj fjf jfj fjf jfj fjf jfj fjf jfj fjf jfj fjf jfj fjf jfj fjf jfj fjf jfj fjf jfj fjf jfj fjf jfj

（4）jfjf fjfj jfjf fjfj jfjf fjfj jfjf fjfj jfjf fjfj jfjf fjfj jfjf fjfj jfjf fjfj jfjf fjfj jfjf fjfj jfjf fjfj

练习2：左右手中指练习

（1）dddd kkkk dddd kkkk dddd kkkk dddd kkkk dddd kkkk dddd kkkk dddd kkkk dddd kkkk dddd

（2）dk kd dk kd dk kd dk kd dk kd dk kd dk kd dk kd dk kd dk kd dk kd dk kd dk kd dk kd

（3）kdk dkd kdk dkd kdk dkd kdk dkd kdk dkd kdk dkd kdk dkd kdk dkd kdk dkd kdk dkd kdk dkd

（4）dkkd kddk dkkd kddk dkkd kddk dkkd kddk dkkd kddk dkkd kddk dkkd kddk dkkd kddk dkkd

练习3：左右手无名指练习

（1）ssss llll ssss llll ssss llll ssss llll ssss llll ssss llll ssss llll ssss llll ssss llll ssss llll ssss llll

（2）sl ls sl ls sl ls sl ls sl ls sl ls sl ls sl ls sl ls sl ls sl ls sl ls sl ls sl ls sl ls sl ls sl ls sl

（3）ssl lls ssl lls ssl lls ssl lls ssl lls ssl lls ssl lls ssl lls ssl lls ssl lls ssl lls ssl lls ssl lls ssl lls

（4）slls lssl slls lssl slls lssl slls lssl slls lssl slls lssl slls lssl slls lssl slls lssl slls lssl slls lssl

练习4：左右手小指练习

（1）aaaa ;;;; aaaa ;;;; aaaa ;;;; aaaa ;;;; aaaa ;;;; aaaa ;;;; aaaa ;;;; aaaa ;;;; aaaa ;;;; aaaa ;;;; aaaa

（2）a; ;a a; ;a a; ;a a; ;a a; ;a a; ;a a; ;a a; ;a a; ;a a; ;a a; ;a a; ;a a; ;a a; ;a a; ;a a; ;a a; ;a a;

（3）a;a ;a; a;a ;a; a;a ;a; a;a ;a; a;a ;a; a;a ;a; a;a ;a; a;a ;a; a;a ;a; a;a ;a; a;a ;a; a;a ;a; a;a ;a;

（4）a;;a ;aa; a;;a ;aa; a;;a ;aa; a;;a ;aa; a;;a ;aa; a;;a ;aa; a;;a ;aa; a;;a ;aa; a;;a ;aa; a;;a ;aa; a;;a

练习5：综合练习

（1）fdsa ;lkj fdsa ;lkj fdsa ;lkj fdsa ;lkj fdsa ;lkj fdsa ;lkj fdsa ;lkj fdsa ;lkj fdsa ;lkj fd

（2）dfjk jkdf dfjk jkdf dfjk jkdf dfjk jkdf dfjk jkdf dfjk jkdf dfjk jkdf dfjk jkdf dfjk

（3）fja; adk; fja; adk; fja; adk; fja; adk; fja; adk; fja; adk; fja; adk; fja; adk; fja; adk;

（4）asdf jkl; asdf jkl; asdf jkl; asdf jkl; asdf jkl; asdf jkl; asdf jkl; asdf jkl; asdf jkl;

（5）k;ld d;la k;ld d;la k;ld d;la k;ld d;la k;ld d;la k;ld d;la k;ld d;la k;ld d;la k;ld d;la

（6）adlk fdsa adlk fdsa adlk fdsa adlk fdsa adlk fdsa adlk fdsa adlk fdsa adlk fdsa adlk fdsa

💡 小提示

　对于初学者来说，最容易把八个基准键位的手指位置放错，要注意这方面的问题并及时纠正。

任务2 强化练习

1）初级键位练习。

　　在进行打字练习之前，大家可以根据自己的情况，与自己水平相近的同学组成练习小组，在以后的打字练习中，同一组的同学之间相互学习，相互鼓励，相互帮助，共同进步。

　　我们利用"金山打字通"2016版练习软件进行练习。在桌面上双击"金山打字通"图标，启动"金山打字通"程序，操作过程如图1-2-3～图1-2-6所示。

图1-2-3　操作过程（一）

图1-2-4　操作过程（二）

图1-2-5　操作过程（三）

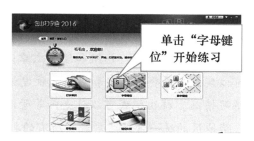

图1-2-6　操作过程（四）

2）打开"金山打字通"，单击首页的"新手入门"——"字母键位"。

3）过程评价：记录今天的速度、正确率，与同组的同学比较一下，看看谁的进步更大。

速度＿＿＿＿＿＿＿＿＿＿＿＿，正确率＿＿＿＿＿＿＿＿＿＿＿。

4）自我总结：练习结束之后，请返回到刚才的登录窗口，如图1-2-3所示，单击"个人记录"，打开个人管理，如图1-2-7所示。及时总结，这对提高你的打字水平有很大帮助。

将"常错键位"及时记录下来，下次练习的时候，就重点注意这些键位，这样打字技术就能很快提高了。

常错键位：＿＿＿＿＿＿＿＿＿＿。

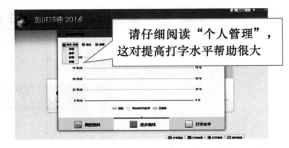

图1-2-7　打开"个人管理"

图1-2-7 "金山打字通"登录个人账号，可以查看"进步曲线"

🄽 小提示

常用免费打字软件介绍

1. 金山打字通

金山打字通是本教材使用最多的一款打字练习软件。金山打字通是国内知名度最高、最经典的打字练习软件之一。它针对用户水平定制个性化的练习课程，每种输入法（拼音输入法/五笔字型输入法）均从易到难循序渐进提供单词（音节、字根）、词汇及文章练习，并且辅以打字游戏，完全摆脱枯燥学习。金山打字通适用于计算机入门、职业培训、汉语言培训等多种使用场景。速度测试，可随时检查打字练习成果，还可与打字高手一决高下；可自定义课程，自由选择练习课程，并支持导入txt文档；可看进步曲线，打字测试生成进步曲线，随时查看打字成果。

2. 阿珊打字通

除了金山打字通，阿珊打字通也是一款很优秀的免费打字练习软件。与金山打字通一样可以用来练习英文打字、拼音打字以及五笔字型打字。另外值得一提的是，阿珊打字通还提供了形式多样且方便的打字测试，提供本地、互联网、内网等多种测试方案，计分采用即时速度和准确率记录；练习材料涵盖单字、词组和经典文章；互联网文章实时更新并进行全国排名；内网模式下服务端可以实时查看登录情况和成绩、收发试卷并导出为Excel表格，非常方便老师进行测验，了解学生练习情况。群组模式可以让老师等管理者在互联网上设置考试材料和规则，实现跨机房、跨学校、跨地区的统一考试。本教材所有的打字练习，也可以使用该软件完成。

3. 其他五笔打字练习软件

其他五笔字型打字练习软件包括打字高手、八哥五笔打字员、五笔打字通、五笔打字员等。

任务3 课后作业

1）回忆"常错键位"，下次练习中注意纠正。

2）练习基准键的指法。

3）要求：每个键位的输入准确无误，手指分工明确。

项目1.3 E、I、G、H键的输入

项目描述

学习E、I、G、H键的输入法。

项目实施要求

手指分工明确，准确熟练地输入E、I、G、H键。

项目任务单

1	基本练习
2	强化练习
3	课后作业

任务1 基本练习

知识点

E、I、G、H键在键盘中的位置如图1-3-1所示。根据键盘规则，输入E字符时由原在D键位的左手中指击E键。输入I字符时由原在K键的右手中指击I键。G键由左手食指控制，H键由右手食指控制。输入G时，用原来击打F键的左手食指向右伸一个键位的距离击G键。同样击打H键的右手食指向左伸一个键位的距离。

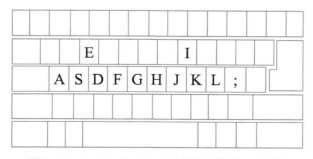

图1-3-1 E、I、G、H键所在位置示意图

基本练习

在WPS中尝试输入练习1~4的内容。

练习1：E、I键的练习

（1）ee ii ee ii ee ii ee ii ee ii ee ii ee ii ee ii ee ii ee ii ee ii ee ii ee ii ee ii ee ii ee ii

（2）ei ie ei ie ei ie ei ie ei ie ei ie ei ie ei ie ei ie ei ie ei ie ei ie ei ie ei ie ei ie ei ie

（3）eie iei eie iei eie iei eie iei eie iei eie iei eie iei eie iei eie iei eie iei eie iei eie

（4）ieei eiie ieei eiie ieei eiie ieei eiie ieei eiie ieei eiie ieei eiie ieei eiie ieei eiie ieei eiie

练习2：E、I键与其他键的练习

（1）sail sail sail sail sail sail sail sail sail sail sail sail sail sail sail sail sail sail

（2）fed fed fed fed fed fed fed fed fed fed fed fed fed fed fed fed fed fed fed fed

（3）ill ill ill ill ill ill ill ill ill ill ill ill ill ill ill ill ill ill ill ill ill ill ill ill ill ill ill ill

（4）lake lake lake lake lake lake lake lake lake lake lake lake lake lake lake lake

（5）idea idea idea idea idea idea idea idea idea idea idea idea idea idea idea

（6）leaf leaf leaf leaf leaf leaf leaf leaf leaf leaf leaf leaf leaf leaf leaf leaf leaf leaf

练习3：G、H键的练习

（1）gg hh gg hh gg hh gg hh gg hh gg hh gg hh gg hh gg hh gg hh gg hh gg hh gg

（2）gh hg gh hg gh hg gh hg gh hg gh hg gh hg gh hg gh hg gh hg gh hg gh hg gh

（3）ghg hgh ghg hgh ghg hgh ghg hgh ghg hgh ghg hgh ghg hgh ghg hgh ghg hgh ghg

（4）ghhg hggh ghhg hggh ghhg hggh ghhg hggh ghhg hggh ghhg hggh ghhg hggh ghhg

练习4：G、H键与其他键的练习

（1）ghf hkl ghf hkl ghf hkl ghf hkl ghf hkl ghf hkl ghf hkl ghf hkl ghf hkl ghf hkl ghf

（2）gag gag gag gag gag gag gag gag gag gag gag gag gag gag gag gag gag gag gag

（3）high high high high high high high high high high high high high high high high

（4）has has has has has has has has has has has has has has has has has has has has

（5）jhja jhja jhja jhja jhja jhja jhja jhja jhja jhja jhja jhja jhja jhja jhja jhja jhja jhja

（6）had had had had had had had had had had had had had had had had had had had had

任务2　强化练习

1）打开"金山打字通"，单击首页的"新手入门"——"字母键位"。

2）过程评价：记录今天的速度、正确率，与同组的同学比较一下，看看谁的进步更大。

速度_____，正确率_____。

3）自我总结：将你的"常错键位"及时记录下来，下次练习的时候，重点注意这些键位，这样你的打字技术就能很快提高了。

常错键位：_____。

🕐 小提示

如果使用阿珊打字通，单击首页的"英文打字"——"指法练习"，单击右上角"课程选择"，根据需要选择合适的内容进行练习。

课程名称：	01中排
01中排	10左手小指
02上排	11右手小指
03下排	12ABCDEFG
04左手食指	13HIJKLMN
05右手食指	14OPQRST
06左手中指	15UVWXYZ
07右手中指	16A~Z
08左手无名指	51中排(随机)
09右手无名指	52上排(随机)

课程名称：	01中排
53下排(随机)	81中排键位(随机)
54左手食指(随机)	82上排键位(随机)
55右手食指(随机)	83下排键位(随机)
56左手中指(随机)	84字母键位(随机)
57右手中指(随机)	85数字键位(随机)
58左手无名指(随机)	86符号键位(随机)
59右手无名指(随机)	87小键盘(随机)
60左手小指(随机)	88全部键位(随机)
61右手小指(随机)	

任务3　课后作业

1）回忆"常错键位"，下次练习中注意纠正。

2）练习基准键位和E、I、G、H键的指法。

3）要求：每个键位的输入准确无误，手指分工明确。

项目1.4　R、T、Y、U键的输入

项目描述

学习R、T、Y、U键的输入法。

项目实施要求

手指分工明确，准确熟练地输入R、T、Y、U键。

项目任务单

1	基本练习
2	强化练习
3	课后作业

任务1 基本练习

知识点

R、T、Y、U键在键盘上的位置如图1-4-1所示。输入R时，用原击F键的左手食指向前（微向左）伸出击R键，击毕立即缩回，放在基本键F上；若左手食指向前（微偏右）伸，就可以击T键，输入T。输入U时，用原击J键的右手食指向前（微偏左）击U键；输入Y时，右手食指向U键的左方移动一个键的距离。

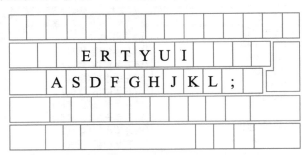

图1-4-1 R、T、Y、U键所在位置示意图

基本练习

在WPS中尝试输入练习1、练习2的内容。

练习1：R、T、Y、U键的练习

（1）rtyu uytr rtyu uytr rtyu uytr rtyu uytr rtyu uytr rtyu uytr rtyu uytr rtyu uytr rtyu uytr

（2）rrty uutr rrty uutr rrty uutr rrty uutr rrty uutr rrty uutr rrty uutr rrty uutr rrty uutr rrty

（3）tyur ruyt tyur ruyt tyur ruyt tyur ruyt tyur ruyt tyur ruyt tyur ruyt tyur ruyt tyur ruyt

（4）uurr ttyy uurr ttyy uurr ttyy uurr ttyy uurr ttyy uurr ttyy uurr ttyy uurr ttyy uurr ttyy

练习2：R、T、Y、U键与其他键的练习

（1）duty duty duty duty duty duty duty duty duty duty duty duty duty duty duty duty duty

（2）salt salt salt salt salt salt salt salt salt salt salt salt salt salt salt salt salt salt salt

（3）shut shut shut shut shut shut shut shut shut shut shut shut shut shut shut shut shut

（4）full full full full full full full full full full full full full full full full full full full

（5）dark dark dark dark dark dark dark dark dark dark dark dark dark dark dark dark

（6）pray pray pray pray pray pray pray pray pray pray pray pray pray pray pray pray pray pray

任务2 强化练习

1）打开"金山打字通"，单击首页的"新手入门"——"字母键位"。

2）过程评价：记录今天的速度、正确率，与同组的同学比较一下，看看谁的进步更大。

速度_____，正确率_____。

3）自我总结：将你"常错键位"及时记录下来，下次练习的时候，就重点注意这些键位，这样你的打字技术就能很快提高了。

常错键位：_____。

上次练习中的"常错键位"，在今天的练习中，错误次数是否减少了？

任务3　课后作业

1）回忆"常错键位"，下次练习中注意纠正。

2）练习基准键位和E、I、G、H、R、T、Y、U键的指法。

3）要求：每个键位的输入准确无误，手指分工明确。

项目1.5　W、Q、O、P键的输入

项目描述

学习W、Q、O、P键的输入法。

项目实施要求

手指分工明确，准确熟练地输入W、Q、O、P键。

项目任务单

1	基本练习
2	强化练习
3	课后作业

任务1　基本练习

知识点

W、Q、O、P键在键盘上的位置如图1-5-1所示。输入W时，用原击S键的左手无名

指向前（微向左）伸出击W键；输入Q时，改用左手小指击Q键即可；输入O时，用原击L键的右手无名指向前（微偏左）伸出击O键；输入P时，改用右手小指击P键即可。

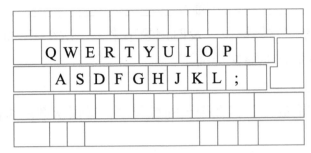

图1-5-1　W、Q、O、P键在键盘上的位置示意图

基本练习

在WPS中尝试输入练习1、练习2的内容。

练习1：W、Q、O、P键的练习

（1）wo wo wo wo wo wo wo wo wo wo wo wo wo wo wo wo wo wo wo wo wo wo wo

（2）qp qp qp qp qp qp qp qp qp qp qp qp qp qp qp qp qp qp qp qp qp qp qp qp

（3）qwop qwop qwop qwop qwop qwop qwop qwop qwop qwop qwop qwop qwop

（4）qopw qopw qopw qopw qopw qopw qopw qopw qopw qopw qopw qopw qopw

练习2：W、Q、O、P键与其他键的练习

（1）owe owe owe owe owe owe owe owe owe owe owe owe owe owe owe owe owe

（2）park park park park park park park park park park park park park park park park

（3）will will will will will will will will will will will will will will will will will will

（4）quit quit quit quit quit quit quit quit quit quit quit quit quit quit quit quit

（5）pass pass pass pass pass pass pass pass pass pass pass pass pass pass pass pass

（6）look look look look look look look look look look look look look look look look

任务2　强化练习

1）打开"金山打字通"，单击首页的"新手入门"——"字母键位"。

2）过程评价：记录今天的速度、正确率，与同组的同学比较一下，看看谁的进步更大。

速度_____，正确率_____。

3）自我总结：将你的"常错键位"及时记录下来，下次练习的时候，就重点注意这些键位，这样你的打字技术就能很快提高了。

常错键位：_____。

上次练习中的"常错键位"，在今天的练习中，错误次数是否减少了？

任务3 课后作业

1）回忆"常错键位"，下次练习中注意纠正。

2）继续练习所学键位指法。

3）要求：每个键位的输入准确无误，手指分工明确。

项目1.6 V、B、M、N键的输入

项目描述

学习V、B、M、N键的输入法。

项目实施要求

手指分工明确，准确熟练地输入V、B、M、N键。

项目任务单

1	基本练习
2	强化练习
3	课后作业

任务1 基本练习

知识点

V、B、M、N的键位在键盘上位置如图1-6-1所示。输入V时，用原击F键的左手食指向内（微偏左）屈伸击V键；输入B时，左手食指比输入V时再向右移一个键位的距离击B键。输入M时，用原击J键的食指向内（微偏右）屈伸击M键；输入N时，该手指向内（微偏左）屈伸击N键。

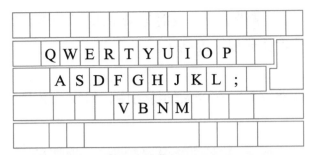

图1-6-1　V、B、M、N键在键盘上的位置示意图

基本练习

在WPS中尝试输入练习1、练习2的内容。

练习1：V、B、M、N键的练习

（1）vbmn vbmn vbmn vbmn vbmn vbmn vbmn vbmn vbmn vbmn vbmn vbmn vbmn

（2）bbmn bbmn bbmn bbmn bbmn bbmn bbmn bbmn bbmn bbmn bbmn bbmn bbmn

（3）mmvb mmvb mmvb mmvb mmvb mmvb mmvb mmvb mmvb mmvb mmvb mmvb

（4）vvnn vvnn vvnn vvnn vvnn vvnn vvnn vvnn vvnn vvnn vvnn vvnn vvnn vvnn

练习2：V、B、M、N键与其他键的练习

（1）home home home home home home home home home home home home home

（2）down down down down down down down down down down down down down

（3）move move move move move move move move move move move move move

（4）send send send send send send send send send send send send send send send

（5）save save save save save save save save save save save save save save save save

（6）boom boom boom boom boom boom boom boom boom boom boom boom boom boom

任务2　强化练习

1）打开"金山打字通"，单击首页的"新手入门"——"字母键位"。

2）过程评价：记录今天的速度、正确率，与同组的同学比较一下，看看谁的进步更大。

速度＿＿＿＿＿＿＿＿＿＿＿＿，正确率＿＿＿＿＿＿＿＿＿＿＿。

3）自我总结：将你"常错键位"及时记录下来，下次练习的时候，就重点注意这些键位，这样你的打字技术就能很快提高了。

常错键位：＿＿＿＿＿＿＿。

上次练习中的"常错键位"，在今天的练习中，错误次数是否减少了？

任务3 课后作业

1）回忆"常错键位"，下次练习中注意纠正。

2）继续练习所学键位指法。

3）要求：每个键位的输入准确无误，手指分工明确。

项目1.7 C、X、Z与相邻键的输入

项目描述

学习C、X、Z与相邻键的输入法。

项目实施要求

手指分工明确，准确熟练地输入C、X、Z与相邻键。

项目任务单

1	基本练习
2	强化练习
3	课后作业

任务1 基本练习

知识点

C、X、Z与相邻键在键盘上的位置如图1-7-1所示。C、X、Z键分别用左手的中指、无名指和小指敲击；左右两个 Shift 键分别用左、右手的小指敲击， < 键、 > 键和 ? 键，分别用右手的中指、无名指和小指敲击，如果要输入这3个键上的上档符号，就用左手按住 Shift 键的同时按相应原键位。

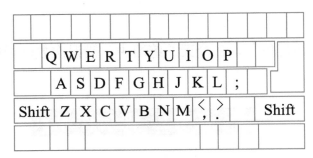

图1-7-1 C、X、Z与相邻键在键盘上位置示意图

基本练习

在WPS中尝试输入练习1~3的内容。

练习1：符号键练习

（1） 。，。，。，。，，。，。，。，。，。，。，。，

（2） ◇◇◇◇◇◇◇◇◇◇

（3） 。，。。，。，。，。，。，。，。，。

（4） ◇◇，。，。◇◇，。，。◇◇，。，。

练习2：C、X、Z、？键的练习

（1） zxc? zxc? zxc? zxc? zxc? zxc? zxc? zxc? zxc? zxc? zxc? zxc? zxc? zxc? zxc? zxc?

（2） zzxx zzxx zzxx zzxx zzxx zzxx zzxx zzxx zzxx zzxx zzxx zzxx zzxx zzxx zzxx zzxx

（3） cc?? cc?? cc?? cc?? cc?? cc?? cc?? cc?? cc?? cc?? cc?? cc?? cc?? cc?? cc?? cc??

（4） c?xz c?xz c?xz c?xz c?xz c?xz c?xz c?xz c?xz c?xz c?xz c?xz c?xz c?xz c?xz

练习3：C、X、Z键与其他键的练习

（1） cock cock cock cock cock cock cock cock cock cock cock cock cock cock cock

（2） exit exit exit exit exit exit exit exit exit exit exit exit exit exit exit exit exit exit exit

（3） zero zero zero zero zero zero zero zero zero zero zero zero zero zero zero zero zero

（4） zeal zeal zeal zeal zeal zeal zeal zeal zeal zeal zeal zeal zeal zeal zeal zeal zeal zeal

（5） next next next next next next next next next next next next next next next next next next

任务2 强化练习

1）打开"金山打字通"，单击首页的"新手入门"——"字母键位"。

2）过程评价：记录今天的速度、正确率，与同组的同学比较一下，看看谁的进步更大。

速度_____，正确率_____。

3）自我总结：将你的"常错键位"及时记录下来，下次练习的时候，就重点注意这些键位，这样你的打字技术就能很快提高了。

常错键位：_____。

上次练习中的"常错键位"，在今天的练习中，错误次数是否减少了？

任务3 课后作业

1）回忆"常错键位"，下次练习中注意纠正。

2）继续练习所学键位指法。

3）要求：每个键位的输入准确无误，手指分工明确。

项目1.8 指法巩固练习（一）

项目描述

复习26个字母的指法键位。

项目实施要求

手指分工明确，准确熟练地输入26个字母。

项目任务单

1	技能学习
2	巩固练习
3	课后作业

任务1 技能学习

技能要点

到目前为止，输入26个小写字母的指法，已经全部讲完了，请大家一定要牢记指法。先练指法和键位，然后练准确度，最后练速度。

指法：这是最基本的，有不少同学打字的时候，仍然眼睛盯住键盘，一个手指练"一指禅功"，这样对提速是绝对无益的！要想提高速度，一定要先把指法练好，尝试盲打。要想打字快，最基础的就是盲打，可能刚开始打时速度很慢，不要急，第一步是指法，先摸清键盘，速度我们以后再说。

准确度：打字的时候一定要沉稳，有时一慌张就会连错好多，因此要多加练习。

任务2 巩固练习

1）打开"金山打字通"，单击首页的"新手入门"——"字母键位"。

2）过程评价：记录今天的速度、正确率，与同组的同学比较一下，看看谁的进步更大。

速度_____，正确率_____。

3）自我总结：将你的"常错键位"及时记录下来，下次练习的时候，就重点注意这些键位，这样你的打字技术就能很快提高了。

常错键位：_____。

上次练习中的"常错键位"，在今天的练习中，错误次数是否减少了？

任务3 课后作业

1）回忆"常错键位"，复习已学键位指法。

2）要求：每个键位的输入准确无误，手指分工明确。

项目1.9 指法巩固练习（二）

项目描述

复习26个字母的指法键位。

项目实施要求

手指分工明确，准确熟练地输入26个字母。

项目任务单

1	技能学习
2	巩固练习
3	课后作业

任务1　技能学习

技能要点

初学打字，掌握适当的练习方法，对于提高自己的打字速度、成为一名打字高手是必要的。

1）一定把手指按照分工放在正确的键位上。

2）有意识地记忆键盘各个字符的位置，体会不同键位上的字键被敲击时手指的感觉，逐步养成不看键盘的习惯。

3）进行打字练习时必须集中精力，做到手、脑、眼协调一致，尽量避免边看原稿边看键盘，这样容易分散记忆力，有的同学喜欢一边打字一边聊天，这是一种不好的习惯，请尽快改掉。记住，一心不可二用！

4）初级阶段的练习即使速度慢，也一定要保证输入的准确性。

总之，正确指法+键盘记忆+集中精力+准确输入=打字高手

任务2　巩固练习

1）打开"金山打字通"，单击首页的"新手入门"——"字母键位"。

2）过程评价：记录今天的速度、正确率，与同组的同学比较一下，看看谁的进步更大。

速度＿＿＿＿＿＿＿＿＿＿＿，正确率＿＿＿＿＿＿＿＿＿＿＿。

3）自我总结：将你"常错键位"及时记录下来，下次练习的时候，就重点注意这些键位，这样你的打字技术就能很快提高了。

常错键位：＿＿＿＿＿＿＿＿。

上次练习中的"常错键位"，在今天的练习中，错误次数是否减少了？

任务3　课后作业

1）回忆"常错键位"，复习已学键位指法。

2）要求：每个键位的输入准确无误，手指分工明确。

项目1.10　大写字母的输入

项目描述

学习大写字母的输入法。

项目实施要求

手指分工明确，准确熟练地输入所有的大写字母。

项目任务单

1	技能学习
2	强化练习
3	课后作业

任务1　技能学习

技能要点

输入大写字母有两种方法：

1）用"Shift"键。

操作方法：当处于小写状态，同时按下"Shift"和字母键，输入大写字母；反之，当处于大写状态时，同时按下"Shift"键和字母键，输入小写字母；这样可以快速方便地完成少量字母输入时的大小写切换。

2）用"Caps Lock"大小写转换键。

"Caps Lock"：大小写转换键。控制"Caps Lock"灯的发亮或熄灭。"Caps Lock"灯亮，表示大写状态，否则为小写状态。"Caps Lock"键只对26个字母有影响。这种方法适用于较多字母的输入。

任务2 强化练习

1）打开"金山打字通"，单击首页的"新手入门"——"字母键位"。

2）过程评价：记录今天的速度、正确率，与同组的同学比较一下，看看谁的进步更大。

速度_____，正确率_____。

3）自我总结：将你"常错键位"及时记录下来，下次练习的时候，就重点注意这些键位，这样你的打字技术就能很快提高了。

常错键位：_____。

上次练习中的"常错键位"，在今天的练习中，错误次数是否减少了？

任务3 课后作业

1）继续练习所学键位指法。

2）要求：每个键位的输入准确无误，手指分工明确。

项目1.11 数字、标点符号的输入

项目描述

学习数字键、标点符号的输入法。

项目实施要求

手指分工明确，准确熟练地输入0～9十个数字和标点符号。

项目任务单

1	技能学习
2	键位练习
3	课后作业

任务1 技能学习

技能要点

1. 两种键入纯数字的指法

1）利用键盘第一排的数字键。将除了大拇指以外的8个手指放在第一排的数字键上，其方式与基准键的方法相对应，也就是"A""S""D""F"对应于"1""2""3""4"；"J""K""L"";"对应于"7""8""9""0"。

2）利用右边的数字键区。右边的数字键区，也叫辅助键区或小键盘区。小键盘区也有一定指法，如图1-11-1所示。除大拇指专门负责"0"外，其余四指分管四列。即食指分管"1""4""7"键，中指分管"2""5""8"和"/"键，无名指分管"3""6""9""*"和"．"。小指分管"+""−"和回车。

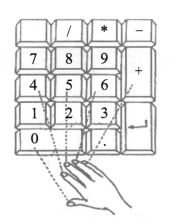

图1-11-1　小键盘区指法

2. 标点符号的输入方法

打字键区的符号键在键盘上的位置如图1-11-2所示。注意，这一行的每一个键位上都有上、下两个字符。例如![键]键，上面是"！"，下面是数字"1"，这种键叫双字符键。"1""2""3""4""5"键分别用左手的小指、无名指、中指、食指和食指敲击，"6""7""8""9""0"分别用右手的食指、食指、中指、无名指和小指敲击。要输入上档符号，则应按住"Shift"键的同时按住相应原键位。

"。"——句号（也用作数字中的小数点）。输入时用原击"L"键的右手无名指朝手心方向（微偏右）弯曲一些击"。"号键，击毕缩回。

"，"——逗号。输入逗号时，用原击"K"字键的右手中指朝手心方向（微偏右）弯曲一些击"，"键，击毕缩回。

"＞"——大于号。它与句号在同一字键上，输入大于号时，左手小指按"Shift"键后，右手的动作与句号输入的手法一样，右手击毕，两手均立即回归基准键上。

"＜"——小于号。它与逗号在同一字键上，输入小于号时，左手小指按"Shift"键后，右手与输入逗号相同，不再赘述。

图1-11-2 符号键在键盘上的位置示意图

任务2 键位练习

1）打开"金山打字通"，单击首页的"新手入门"——"数字键位"或"符号键位"。

2）过程评价：记录今天的速度、正确率，与同组的同学比较一下，看看谁的进步更大。

速度_____，正确率_____。

3）自我总结：将你的"常错键位"及时记录下来，下次练习的时候，就重点注意这些键位，这样你的打字技术就能很快提高了。

常错键位：_____。

上次练习中的"常错键位"，在今天的练习中，错误次数是否减少了？

任务3 课后作业

1）继续练习所学键位指法。

2）要求：每个键位的输入准确无误，手指分工明确。

项目1.12 指法准确性练习

项目描述

练习盲打，准确性是重点。

项目实施要求

英文打字初步练习，正确率为100%，速度为50～60字符/min。

项目任务单

1	技能学习
2	强化练习
3	课后作业

任务1 技能学习

技能要点

有许多失误的快速打字是没有意义的，所以必须同时提高打字的速度和准确性。对于职业打字员，日常所要求的打字速度，其键速在6键/s左右。但一个出色的打字员应能达到键速8键/s以上，即480～500键/min以上的速度。

为提高速度和准确性，最好的办法是将一段稿子反复练习，直到达到一定的速度和准确性，才可换稿练习。每练一遍，我们要把所用时间和错误个数记录下来进行比较，然后有重点地继续练习。比如我们选择一个句子：

When the sun shines, he likes to work in the open.

然后按下述不同的目标来循序渐进地反复练习，在每一步打完后统计在1min之内所打的字符数和错误个数。

1）保证准确性。用你所能维持的合理、准确的最快速度去打。

2）提高速度。打练同一句子，此时是以提高速度为主要目的，随着速度的提高，出现的错误也可能同时上升。但只要不是错误百出、不成文就行了。

在速度训练中，要求快速阅读。一个成熟的计算机文字录入员，输入时一般要将70%的注意力用在阅读原稿上，而把30%的注意力放在两手的动作上，将原稿上的每一个视觉信号迅速反映成指法（触觉信号）。在输入第一个单词时，眼睛已注意到下一个单词。这种叫作流水输入方法。

在练习打字时，除了要注意姿势和技术训练以外，还要注意心理训练。在做好准备以后，要不受其他任何事情的干扰，最大限度地集中精力做练习。阅读原稿的速度以手能跟上为宜。击键过程中，要注意体会处于不同键位上的字符被击时的手指的感觉和手指动作的差别。人们可以注意到一个熟练的计算机文字录入员在平时的工作中，一旦发生差错，他会马上下意识地迅速地改掉，而根本不用看键盘。

输入速度的提高除了要按前面所述的正规方法操作以外，还要多记、多练、形成条件反射。这是视觉（或听觉）到触觉的条件反射。

任务2　强化练习

1）打开"金山打字通"，单击首页的"新手入门"——"键位纠错"。

2）过程评价：记录今天的速度、正确率，与同组的同学比较一下，看看谁的进步更大。

速度_____，正确率_____。

3）自我总结：将你"常错键位"及时记录下来，下次练习的时候，就重点注意这些键位，这样你的打字技术就能很快提高了。

常错键位：_____。

上次练习中的"常错键位"，在今天的练习中，错误次数是否减少了？

任务3　课后作业

1）继续练习所学键位指法。

2）要求：每个键位的输入准确无误，手指分工明确。

项目1.13　指法速度练习（一）

项目描述

练习盲打，准确性是重点。

项目实施要求

英文打字初步练习，正确率为100%，速度为60~80字符/min。

项目任务单

1	技能学习
2	强化练习
3	课后作业

任务1 技能学习

技能要点

前面我们讲过，每击完一个键以后手指要回到基准键上来，但这也有例外。当遇到有两个以上的连续字母或符号需要用同一手指完成击键动作时，就不必每击完一个键后手指都回到基准键上，而应连续击完以后再回到基准键上。比如输入"once"这个词时，左手食指击了C键后随即越过D键而去击E键。这就是人们所说的"凌空击键"和"多指凌空击键"的打法。"凌空击键"和"多指凌空击键"对提高速度很重要，在以后的汉字输入中更是常用。

需要强调的是，决不要为了追求速度或准确性而抛弃良好的打字习惯。好的习惯是形成健全的打字技巧的必要基础。进行键盘输入最忌讳的是边看底稿边看键盘，或边看显示器屏幕上已输入的信息。这样，注意力分散，容易造成多打、漏打、串行等差错。

听打，即速录，则是看屏幕打和看稿件打的更高层次。目前，我国的速录水平和速录技术已经有了较大的提高。但各行各业对速录员和速录的需求仍然很大，因此听打的市场潜力巨大。

任务2 强化练习

1）打开"金山打字通"，单击首页的"英文打字"——"文章练习"。

2）过程评价：记录今天的速度、正确率，与同组的同学比较一下，看看谁的进步更大。

速度_____，正确率_____。

3）自我总结：将你"常错键位"及时记录下来，下次练习的时候，就重点注意这些键位，这样你的打字技术就能很快提高了。

常错键位：_____。

上次练习中的"常错键位"，在今天的练习中，错误次数是否减少了？

任务3 课后作业

1）继续练习所学键位指法。

2）要求：每个键位的输入准确无误，手指分工明确。

项目1.14 指法速度练习（二）

项目描述

练习盲打，速度和准确性是重点。

项目实施要求

达到盲打入门水平，键速为1～2（键/s），或者80～100字符/min，正确率为100%。

项目任务单

1	技能学习
2	强化练习
3	速度测试
4	课后作业

任务1　技能学习

技能要点

1. 初学者易出现的错误

1）两字之间或标点符号之后的空格是最容易多出来或者遗漏的。

2）练习速度的时候，有不应留空格而留下了空格的情况，这是由于拇指与空格键距离太近，在连续击字键的过程中，大拇指无意间碰到空格键所致。

3）盲目贪图速度，太快和用力过猛。

4）速度练习还有两个常见的错误。一是把一只手的某指管辖的字键错记为另一只手的相应手指，使得输入的字符出错；二是击键过快时，击键的先后次序也容易搅乱。

5）要输入字键中部分"双义键"的符号时，要先用左（右）手按下Shift键，必须等到右（左）手击了所需要的符号键之后，左（右）手方可退回到基准键上。

6）在输入过程中，基准键位上的手指偏离或错位，会使得输入的结果面目全非。

2. 技术训练和心理训练

在键盘上进行准确性和快速性的训练中，除了强调正确的姿势外，还必须强调技术训练和心理训练相结合。应做到专心和正确。

有不少同学在训练过程中，喜欢一边听歌，一边聊天，一边打字，这是一个不好的习惯，记住"一心不可二用"。

在眼看与手击之间，脑是桥梁。眼所看见的反映到脑子里，脑指挥手的动作完成击键；手的键感返回通知大脑动作完成，眼睛又去收集信息，其路径为：眼→脑→手→脑。

直到输入结束，该循环才结束。但是，最熟练的打字员，其路径直接是：眼→手。不需要经过大脑的思考，这样的速度就很快了。

任务2　强化练习

1）打开"金山打字通"，单击首页的"英文打字"——"文章练习"。

2）过程评价：记录今天的速度、正确率，与同组的同学比较一下，看看谁的进步更大。

速度＿＿＿＿＿＿＿＿＿＿，正确率＿＿＿＿＿＿＿＿＿＿。

3）自我总结：将你的"常错键位"及时记录下来，下次练习的时候，就重点注意这些键位，这样你的打字技术就能很快提高了。

常错键位：＿＿＿＿＿＿＿。

上次练习中的"常错键位"，在今天的练习中，错误次数是否减少了？

任务3　速度测试

1）进行了刚才的练习之后，是否对自己的速度有了信心呢。下面测试一下自己的打字速度吧。

2）打开"金山打字通"，单击速度测试——课程选择——英文文章。在"设置"里面，你可以设置"换行方式""练习方式""完成方式"。一般，我们选择"完成方式"中的"时间设定模式"，完成时间为20～25min，这与职业打字员考试的时间一致。

3）请记录下：

我今天打字的最快速度是＿＿＿＿＿＿。达到要求了吗？

如果没有达到今天的速度练习要求，不要灰心，继续努力。打字的功夫是练出来的功夫，只有在无数枯燥、单调的练习之后，你的打字速度才能慢慢提高。

🕑 小提示

使用"阿珊打字通"进行速度测试很方便，可以选择测试素材，选择测试时间，而且能将测试速度、正确字数、错误字数、正确率等数据导出为Excel表格，便于分析练习情况。

任务4 课后作业

1）继续进行指法练习。

2）要求：每个键位的输入准确无误，手指分工明确。达到盲打入门水平，键速为1～2（键/s），或者80～100字符/min，正确率为100%。

项目1.15 英文打字速度测试

项目描述

练习盲打，速度和准确性是重点。

项目实施要求

达到盲打入门水平，键速为1～2（键/s），或者120字符/min以上，正确率为100%。

项目任务单

1	了解专业打字标准
2	强化练习
3	英文打字速度测试

任务1 了解专业打字标准

技能要点

学业水平测试打字标准：完成一定量汉字录入，录入速度10字/min为起分点，评分标准如表1-15-1所示。

表1-15-1 评分标准

录入速度（字/min）	分值	录入速度（字/min）	分值
10	0.5	17	4
11	1	18	4.5
12	1.5	19	5
13	2	20	5.5
14	2.5	21	6
15	3	22	6.5
16	3.5	23	7

（续）

录入速度（字/min）	分值	录入速度（字/min）	分值
24	7.5	28	11
25	8	29	13
26	9	30	15
27	10	30以上	15

错字、多字、缺字及多余的空格均按错字处理，每错1字扣0.2分。

任务2　强化练习

打开"金山打字通"练习软件，选择英文打字，继续练习打字，准备速度测试。

任务3　英文打字速度测试

1）进行了一段时间的英文打字训练之后，对打字速度进行测试。

2）打开"金山打字通"，单击速度测试——课程选择——英文文章，时间20min。

3）请记录下：我现在的打字速度是_____。要求：120字符/min。

◆ 模块 2
五笔字型输入法

学习目标

- ○ 掌握五笔字型输入法。
- ○ 会设置不同的输入法。

能力目标

- ○ 能熟练使用中文输入法，每分钟输入汉字40字以上（勤思多练，不断提高）。
- ○ 能使用中文输入法熟练输入长篇文字（知行合一）。

项目2.1　了解五笔字型输入法

项目描述

了解五笔字型输入法。

项目实施要求

了解五笔字型输入法的特点，了解五笔输入法的使用。

项目任务单

1	了解五笔字型输入法的特点
2	学习汉字输入过程中的相关知识
3	英文打字训练
4	课后作业

任务1　了解五笔字型输入法的特点

知识点

1. 汉字输入法

最早的中文编码输入可追溯到1840年，当时按照李鸿章的要求，请丹麦人编写了一套四码电报码本，一直沿用到现在。这一阶段的汉字编码主要用于电报收发，每个汉字对应四位编码，只能按单字方式输入。

当然，这并不是当代意义上的中文输入码。我们现在说的汉字输入码也称汉字外码，是为将汉字输入到计算机而设计的代码。根据汉字编码的不同，汉字输入法可分为3种：音码、形码和音形码。

音码：完全利用汉字的拼音输入方法。这类输入法主要按照拼音规定来输入汉字，不需要记忆，只要会拼音就可以输入汉字，如全拼双音、双拼双音、智能ABC、微软拼音、清华紫光、搜狗拼音等。

形码：以汉字的字形结构为编码原则，将汉字拆分成笔画、部首、字根等零件作为码元的编码方案，如五笔字型、表形码、郑码等。

音形码：吸取了音码和形码的优点，将二者混合使用。它是一种以汉字的发音或字形为基础，再以字形或拼音为辅助，以区别同音或形近的汉字的编码方案，如二笔、丁码等。

2. 五笔字型输入法

五笔字型输入法是由王永民先生主持开发研究的，因而又称"王码法"。这一成果从1983年开始向用户推广，1987年国家科委成果局正式组织向全国推广。

五笔字型最突出的优点是：重码少，基本不用提示选字；见字识码，即使遇到不会读的汉字，也能为其编码；大部分汉字可采用简码输入；可进行词组编码输入，每个单字和词组的基本码长都为四码，在同一状态下字、词输入时无需再换档；经过一定的训练，每分钟输入速度可达120～160个汉字，还可以实现双盲打，即既不需要看键盘，又不需要看屏幕，只要看文稿就能正确录入文字。

任务2 学习汉字输入过程中的相关知识

知识点

1. 全/半角切换

五笔字型输入法，在全角状态输入方式下，输入的字母、数字和符号均占用两个字符的位置；在半角状态输入方式下，输入的字母、数字和符号均占用1个字符的位置。

🔘 **小提示**

在图 中，单击 图标，可以进行半角/全角切换。表示半角，单击之后就转换为全角 ●。

2. 中文标点符号与键盘的对应关系

在英文标点状态下，所有标点与键盘一一对应。在中文标点状态下，中文标点符号与键盘的对应关系如表2-1-1所示。

表2-1-1　标点符号键位表

中文标点	键位	说明	中文标点	键位	说明
句号。	.		左括号（	（	
逗号，	,		右括号）	）	
分号；	;		双书名号《	[或<	
冒号：	:		双书名号》	]或>	
问号？	?		省略号…	Shift+6	
感叹号！	!		顿号、	`或\	
双引号""	""	自动配对	单引号''	''	

3. 输入法的选择

系统启动后，默认的输入状态是输入英文字母的。当需要输入汉字时，就要把输入状态切换到某种汉字输入法的状态，然后才可以输入汉字。当需要输入英文时，又要切换到英文的输入状态。因此，输入汉字前首先要选择汉字输入法。在Windows中选择汉字输入法的操作按键是：Ctrl+Shift。

重复使用该命令直到选中所需要的汉字输入法为止。当选中了某种汉字输入法后，如果需要在该汉字输入法和英文输入状态之间进行切换，则只要按Ctrl+空格键就可以了。

任务3 英文打字训练

1）打开"金山打字通"，单击速度测试——课程选择——英文文章。

2）记录今天英文打字的速度是_____，力争达到120字符/min以上。

任务4 课后作业

1）继续进行指法训练。

2）要求：达到盲打入门水平，键速为1～2 （键/s），或者120字符/min以上，正确率为100%。

项目2.2 了解五笔字型编码

项目描述

掌握构成汉字的3个层次：笔画、字根和单字。

项目实施要求

掌握构成汉字的5种基本笔画以及字根组成汉字的3种字型。

项目任务单

1	了解汉字的3个层次
2	了解汉字的5种笔画
3	了解汉字的基本字根
4	了解汉字的3种字型
5	课后作业

任务1　了解汉字的3个层次

知识点

五笔字型方案的研究者，把汉字从结构上由简单到复杂分为：笔画→字根→整字这3个层次。一般认为汉字由字根组成，字根由笔画构成。

任务2　了解汉字的5种笔画

知识点

五笔字型中规定：一个连续书写、不间断的线条叫作一个"笔画"。五笔字型中把众多的笔画分成了五类，分别是横、竖、撇、捺、折，并顺序给以1、2、3、4、5五种笔画代码。横为从左到右的笔画，其中"提"归为"横"；竖为从上到下的笔画，其中向左的竖勾归为"竖"；撇为从右上到左下的笔画，不去计较笔画的倾斜程度；捺为从左上向右下的笔画，其中点归为"捺"；所有带转折的归为"折"，见表2-2-1。

表2-2-1　汉字的5种基本笔画

笔画名称	代号	笔画走向	笔画及其变形
横	1	左→右	一
竖	2	上→下	｜
撇	3	右上↙左下	丿
捺	4	左上↘右下	丶
折	5	带转折	乙乚⁻

同学们不仅要分清笔画类别，同时还应记住各类笔画的代表形及其代码。因为在拆分汉字时，有些汉字某部分结构只能拆出单笔画时，无论该笔画的形如何，都按其类别取笔画代码。

任务3　了解汉字的基本字根

知识点

汉字可用几个基本的部分拼合而成，这些用来拼字的基本部分叫作"字根"。一般来说，字根多数是一些传统的汉字部首。由于某种需要，有时也选用一些不是部首的笔画结构作为字根。我们把那些组字能力很强，而且在日常汉语文字中出现次数很多的字根，叫作"基本字根"，基本字根共有130种。如：八、氵、艹、扌、阝、纟等。

任务4 了解汉字的3种字型

知识点

汉字的字型，是指由字根构成汉字时，字根之间在汉字中所处的位置关系。一般可以分为三种类型：左右型、上下型、杂合型，字型代号分别为1、2、3。

1. 左右型汉字（包括两种情况）

1）左右型。整个汉字分为两部分，分开左右，整个汉字中有着明显的界线，字根间有一定的距离，如：现、汉、绿。

2）左中右型。整个汉字分为三部分，从左至右排列；或者单独占据一边的部分与另外两个部分呈左右排列，如：侧、排、例。

2. 上下型汉字（包括两种情况）

1）上下型。整个汉字分为两部分，分开上下，整个汉字中有着明显的界线，字根间有一定的距离，如：崩、想、碧。

2）上中下型。整个汉字分为三部分，从上至下排列；或者单独占据一层的部分与另外两个部分呈上下排列。如：意、亮、攀。

3. 杂合型汉字

除以上两种字型外，其他字型均属于杂合型，代码为"3"。是指一个汉字各部分之间没有明显的左右或上下关系。如"同""飞""区""边""国""半""本"等均属于杂合型汉字。

关于杂合型汉字有如下的规定：

1）笔画与字根相连的规定为杂合型，例如"自""尺""产"等。

2）点的汉字结构归为杂合型，例如"术""太""斗"等。

3）含两字根且两字根相交的汉字归为杂合型，如"东""电""本"等。

4）带走字底的汉字为杂合型，例如"边""连""这"等。

5）内外型汉字为杂合型，例如"因""国""母"等。

汉字的3种字型见表2-2-2。

表2-2-2 汉字的3种字型

代码	字型	字例
1	左右型	侧、例、编
2	上下型	型、字、杂
3	杂合型	本（独体字）、进（半包转围）、围（全包围）

任务5　课后作业

1）继续进行指法训练。

2）要求：达到盲打入门水平，键速为1~2（键/s），或者120字符/min以上，正确率为100%。

项目2.3　了解五笔字型的字根及分布

项目描述

掌握五笔字型的字根及其分布规律。

项目实施要求

掌握五笔字根的分布规律，对每一个字根所在的键位要了如指掌。

项目任务单

1	了解字根的区和位
2	了解字根分布图
3	了解字根分布规律
4	课后作业

任务1　了解字根的区和位

知识点

上次课我们已经说过，汉字可用几个基本的部分拼合而成，这些用来拼字的基本部分叫作"字根"。在五笔字型编码输入法中，选取了组字能力强、出现次数多的130多个的部件作为基本字根。那么这130多种基本字根怎样分布在键盘上的呢。

1. 区号

我们把键盘上的26个字母键分为三排，除Z键另有用途外，其余25个字母键分为五个区对应五种笔画（其第一笔起笔为对应笔画）。

第1区为横起类，字母键为G、F、D、S、A

第2区为竖起类，字母键为H、J、K、L、M

第3区为撇起类，字母键为T、R、E、W、Q

第4区为捺起类，字母键为Y、U、I、O、P

第5区为折起类，字母键为N、B、V、C、X

2. 位号

键盘上对应的每一个区又分为五个位。各排均从中间向两边分别安排位1、2、3、4、5。这样，每个字母键对应一个区位号，区位号又称键位代码。其中十位数字代表它所在的区号，个位数字代表它所在的位号。例如A键在1区5位，所以区位号是15，见图2-3-1。

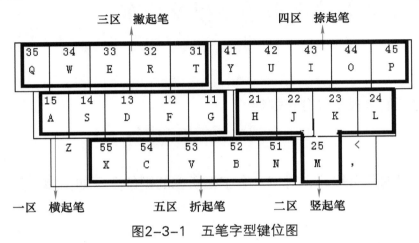

图2-3-1 五笔字型键位图

任务2 了解字根分布图

知识点

将五笔字型的基本字根分布在键盘的字母键上，形成字根键盘，如图2-3-2所示。记住这些字根及其键位是学习五笔的基本功和首要步骤。由于字根较多，为了便于记忆，研制者编写了一首"助记歌"，增加韵味，易于上口，帮助初学者记忆，如图2-3-3～图2-3-7所示。

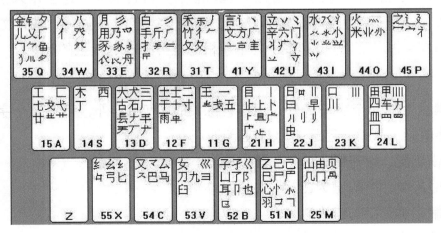

图2-3-2 五笔字型字根键盘图

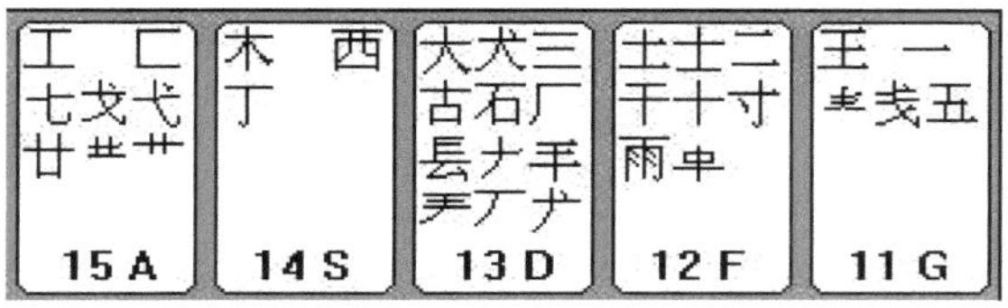
15 A
14 S
13 D
12 F
11 G

王旁青头戋五一，
土士二干十寸雨，
大犬三羊古石厂，
木丁西，
工戈草头右框七。

图2-3-3　一区字根助记词

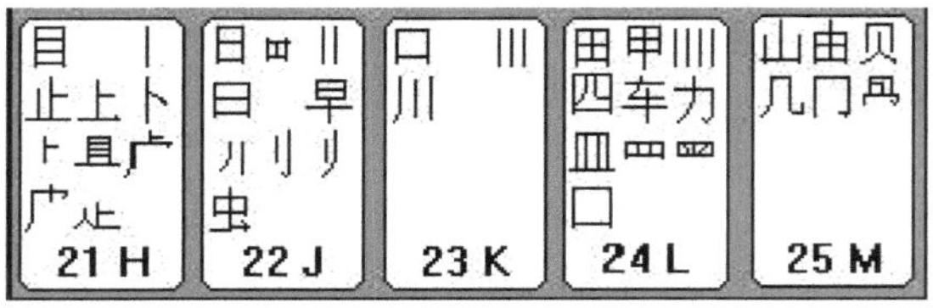
21 H
22 J
23 K
24 L
25 M

目具上止卜虎皮，
日早两竖与虫依，
口与川，字根稀，
田甲方框四车力，
山由贝，下框几。

图2-3-4　二区字根助记词

35 Q
34 W
33 E
32 R
31 T

禾竹一撇双人立，反文条头共三一
白手看头三二斤，
月彡乃用家衣底，
人和八，三四里，
金勺缺点无尾鱼，犬旁留乂儿一点夕，氏无七。

图2-3-5　三区字根助记词

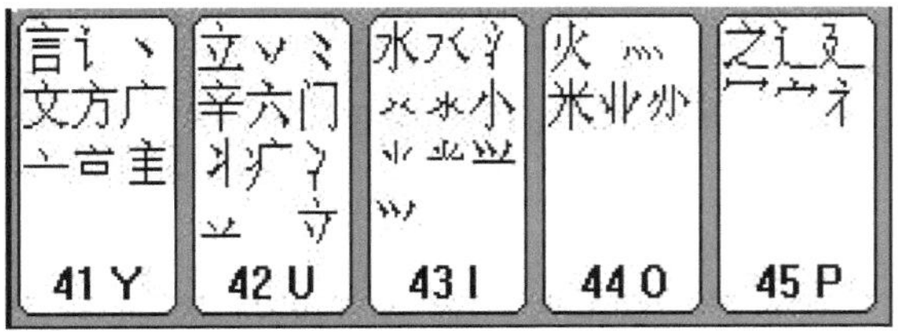
41 Y
42 U
43 I
44 O
45 P

言文方广在四一，高头一捺谁人去
立辛两点六门病，
水旁兴头小倒立，
火业头，四点米，
之宝盖，道建底，摘示衣。

图2-3-6　四区字根助记词

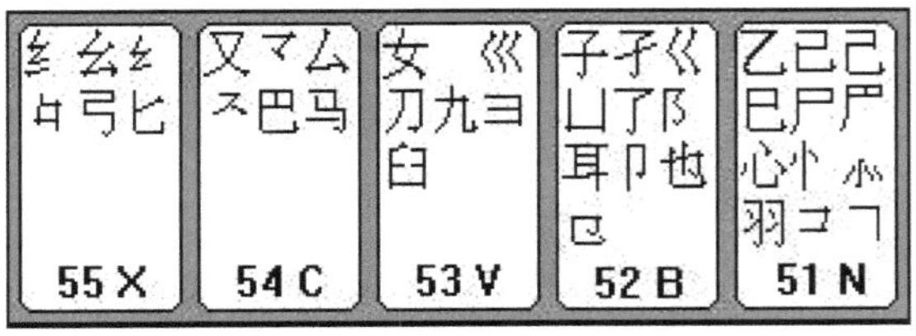
55 X
54 C
53 V
52 B
51 N

已半巳满不出己，左框折尸心和羽
子耳了也框向上，
女刀九臼山朝西，
又巴马，丢失矣，
慈母无心弓和匕，幼无力。

图2-3-7　五区字根助记词

任务3　了解字根分布规律

知识点

仔细分析字根表，就会发现很多的字根都有其规律可循：

1. 有些字根的笔画数正好与其位号相吻合

比如一、二、三分别在横区的第一、二、三位；丨、刂、川，还有四竖，分别在

竖区的第一、二、三、四位；丿、ʡ、彡分别在撇区的第一、二、三位；同样还有丶、
冫、ツ、氵等，这里就不多说了。那么字根"镸"，为什么会和"三、キ"在一起呢？
这是因为它们的前三笔都是横，横的笔数与D键上的位号一致。

2. 首笔定区号，次笔定位号

比如"大、犬、厂、𠂉、ナ、艹"这些字根，起笔都是横，横的编码是"1"，说
明这些字根都在第一区；第二笔都是撇，撇的编码是"3"，那么区位号就是"13"，表
示这些字根在一区的第三个键，也就是D键上。

3. 把相形的字基本上都放在一起

"古"可以想象成"石"的变形，这两个字根有些相近。有些字根因为以与键名字
根或主要字根形近或渊源一致为准而将它们安排在同一键位上，如"43"键上安排了许
多与"水"形近的字根。我们再看"33"号E键上的变形，由键名字"月"，得到一系
列变形字根，起笔都是撇和横折。"彡"是笔画字
根，"豖"字有三个撇，所以归在33位，并由它引
出一系列变形，部分字根的变形如图2-3-8所示。

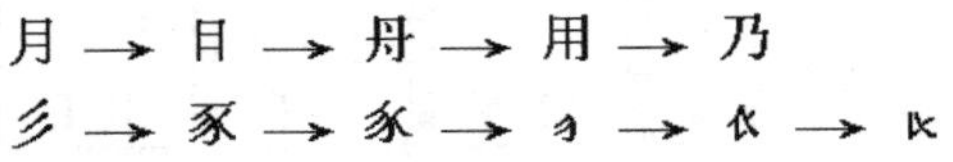

月 → 目 → 舟 → 用 → 乃

彡 → 豖 → 豕 → 犭 → 𧘇 → ⺋

图2-3-8　部分字根的变形

4. 以义近为准的字根

有些字根以义近为准放在同一键位上，如"忄"与"心"放在一起，"扌"与
"手"放在一起等。

5. 特殊字根

个别字根特殊对待，大多数是按其拼音分布，如"口"的拼音是KOU，就放在了K
键上。

任务4　课后作业

1）根据字根分布规律，熟记五笔字根助记词。
2）继续进行英文打字练习。

项目2.4　了解字根助记词

项目描述

熟记字根助记词。

项目实施要求

熟记字根助记词，并要理解助记词的含义。

项目任务单

1	详解第1区字根
2	详解第2区字根
3	详解第3区字根
4	详解第4区字根
5	详解第5区字根
6	课后作业

任务1　详解第1区字根

知识点

第1区字根为横起笔，包含键盘上的G键、F键、D键、S键和A键，键名分别位为"王""土""大""木"和"工"，如表2-4-1及图2-4-1所示。

表2-4-1　第1区的键名汉字

工 15A	木 14S	大 13D	土 12F	王 11G

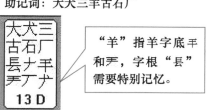

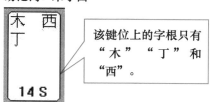

图2-4-1　第1区的键名汉字

任务2　详解第2区字根

知识点

第2区字根为竖起笔，包含键上的H键、J键、K键、L键和M键，键名分别为"目""日""口""田"和"山"，字根的区位号由21～25，如表2-4-2及图2-4-2所示。

表2-4-2　第2区的键名汉字

目	日	口	田	山
21H	22J	23K	24L	25M

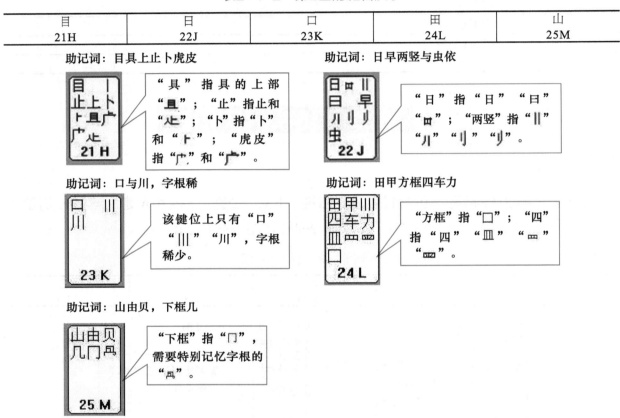

图2-4-2　第2区的键名汉字

任务3　详解第3区字根

知识点

第3区字根为撇起笔，包含键盘上的T键、R键、E键、W键和Q键，键名分别为"禾""白""月""人"和"金"。字根的区位号分别为31～35，如表2-4-3及图2-4-3所示。

表2-4-3　第3区的键名汉字

金	人	月	白	禾
35Q	34W	33E	32R	31T

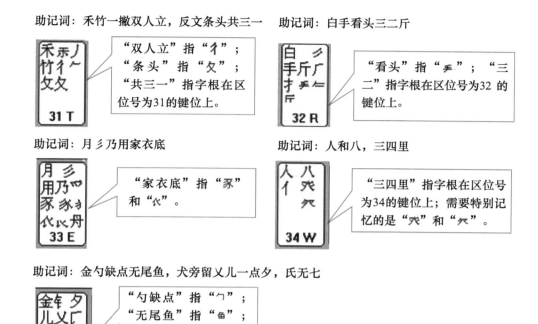

图2-4-3 第3区的键名汉字

任务4 详解第4区字根

知识点

第4区字根为捺起笔，包含键盘上的Y键、U键、I键、O键和P键，键名分别为"言""立""水""火""之"，字根的区位号分别为41～45，如表2-4-4及图2-4-4所示。

表2-4-4 第4区的键名汉字

言	立	水	火	之
41Y	42U	43I	44O	45P

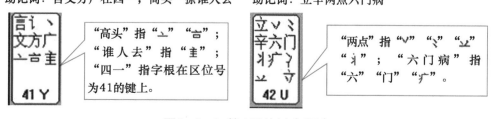

图2-4-4 第4区的键名汉字

助记词：水旁兴头小倒立

助记词：火业头，四点米

"兴头"指"⺌"和"⺍"；"小倒立"指"⺌"和小。

"火业头"指火、"⺍""⺌"；"四点米"指"灬"和米。

43 I

44 O

助记词：之宝盖，道建底，摘示衣

"建道底"指"辶"和"廴"；"摘示衣"指"衤"。

45 P

图2-4-4 第4区的键名汉字（续）

任务5 详解第5区字根

知识点

第5区字根为折起笔，包含键盘上的N键、B键、V键、C键和X键，键名分别为"已""子""女""又"和"丝"，字根的区位号分别为51～55，如表2-4-5及图2-4-5所示。

表2-4-5 第5区的键名汉字

纟 55X	又 54C	女 53V	子 52B	已 51N

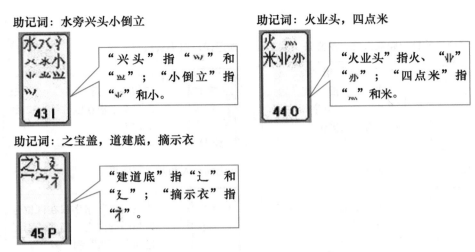

助记词：已半已满不出己，左框折尸心和羽

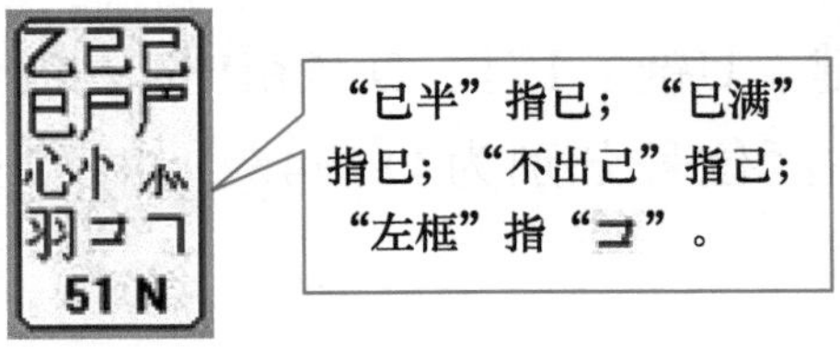

"已半"指已；"已满"指巳；"不出己"指己；"左框"指"ヨ"。

51 N

助记词：子耳了也框向上

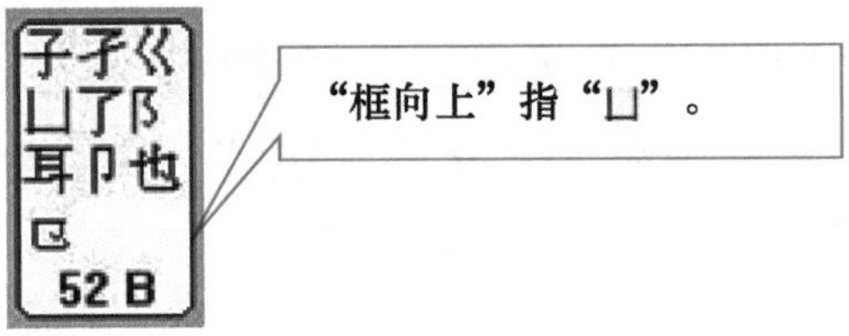

"框向上"指"凵"。

52 B

助记词：女刀九臼山朝西

"山朝西"指"彐"。

53 V

助记词：又巴马，丢失矣

"丢失矣"指"厶"。

54 C

助记词：慈母无心弓和匕，幼无力

"母无心"指"⺌"；"幼无力"指幺。

55 X

图2-4-5 第5区的键名汉字

任务6 课后作业

1）熟记字根助记词和字根总表。

2）默写五笔字根表。

项目2.5 字根练习 |||

项目描述

熟悉字根所在键位。

项目实施要求

熟悉字根所在键位，做到看到一个字根，能立即输入该字根的代码。

项目任务单

1	字根练习
2	课后作业

任务1 字根练习

1）字根练习。

打开"金山打字通"练习软件，在首页上选择 🖥️五笔打字 —— 🖥️视讯讲解练习，观看讲解，也可以单击 跳过讲解 ▶️，直接进入"字根分区及讲解练习"，如图2-5-1所示。在右上角的"课程选择"中，有"横区""竖区""撇区""捺区""折区"和"综合"共六种练习方式供选择。可以选择"限时""分钟"，对输入速度提出要求；单击右下角的 ⚙️，可以进行其他设置，如图2-5-2所示。

2）过程评价：请记录下你打字的速度、正确率，与同组的同学比较、交流一下，看看谁的进步更大，怎样练习才能进步更快。

3）自我总结：练习结束之后，返回登录窗口，打开个人管理账户，及时查看练习过程中"常错键位""综合信息"等相关内容。

4）将你的速度、正确率和常错键位记录下来。这样你既可以与你的同班同学比较打字水平，又可以与你过去的成绩进行比较，看看自己的进步。

5）对常错键位继续练习（包括不太熟练的键位），然后再看看速度和正确率是否提高了。

图2-5-1 字根分区及讲解练习

图2-5-2 其他设置

① 小提示

字根练习时，应该做到"眼到手到"，就是当你看到一个字根时，根本不用大脑思考，手指直接就能击中相应的键位，这样速度才能提高。

任务2 课后作业

1）字根记忆，利用"金山打字通"继续进行字根练习。

2）要求：字根与相应的键位之间要能建立直接联系，做到"眼到手到"。

项目2.6 掌握五笔字型的拆分

项目描述

能正确拆分出所有汉字的字根。

项目实施要求

了解字根间的直接连接关系及汉字的拆分原则。

项目任务单

1	掌握五笔字根之间的关系
2	掌握汉字的拆分原则
3	汉字拆分的简单练习
4	课后作业

任务1　掌握五笔字根之间的关系

知识点

正确地将汉字分解成字根是五笔输入法的关键。基本字根在组成汉字时，按照它们之间的位置关系可以分成单、散、连和交4种结构。下面我们来具体学习这四种类型的特点和使用技巧。

1）单。汉字本身就是一个基本的字根，不需要拆分。在130个基本字根中，占很大比重，有八九十个，如25个键名汉字。

2）散。几个字根共同组成一个汉字，且字根间保持一定距离，不相连也不相交。如：汉、字、笔、型、培、训等。

3）连。五笔字型中字根间的相连关系并非通俗的望文生义的相互连接之意，而是有它本身的规定。五笔字型中字根间的相连关系特指以下两种情况：

① 单笔画与基本字根间有明显间距者为相连。如：个、少、么、旦、幻、旧、孔、乞，如表2-6-1所示。

表2-6-1　单笔画与基本字根相连

自	丿连目	千	丿连十	且	月连一
尺	尸连、	不	一连小	主	、连王
产	立连丿	下	一连卜	入	丿连、

② 带点结构，认为相连，如：勺、术、太、主、义、斗、头。这些字中的点与另外的基本字根不一定相连，其间可连可不连，可稍远可稍近。

在五笔字型中把上述两种情况一律视为相连，即不承认它们之间是上下结合或左右结合。这种规定使字型的判定变得简化、明确。

4）交。指两个或多个字根交叉套选构成的汉字，如表2-6-2所示。

表2-6-2　两个或多个字根交叉套选构成的汉字

夫	二交人	申	日交丨
里	日交土	果	日交木
必	心交丿	专	二交乙

🛈 小提示

带点结构的汉字不能当作"散"的关系，具有"连"字根结构的汉字的字型均为杂合型。一切由基本字根相交叉构成的汉字字型均属于杂合型，具有"散"字根机构的汉字字型只有左右型和上下型两种。

任务2　掌握汉字的拆分原则

知识点

汉字拆分问题集中于要解决连、交及混合型的情况，具体拆分概括如下：

1. 连笔结构

拆分为单笔与基本字根，如"自"拆成"丿"与"目"。

2. 交叉结构或交连混合结构

按书写顺序拆分成几个已知的最大字根，以增加一笔不能构成已知字根来决定笔画分组，如"果"拆成"日""木"，而不拆成"旦""小"，因为"日"加一笔"一"后成为"旦"，"旦"不是基本字根。

拆分中应注意，一个笔画不能割断在两个字根中，如"果"不能割断为"田""木"。

具体拆分过程中，需要掌握以下五个要点：

1）书写顺序。拆分"合体字"时，一定要按照正确的书写顺序进行。

正确的书写顺序是：先左后右，先上后下，先横后竖，先撇后捺，先内后外，先中间后两边，先进门后关门。

例如：

谁→讠亻隹（从左到右，左右型）

茶→艹人木　（从上到下，上下型）

问→门口　（从外到内，杂合型）

又如："新"只能拆成"立""木""斤"，不能拆成"立""斤""木"；"中"只能拆成"口""丨"，不能拆成"丨""口"；"夷"只能拆成"一""弓""人"，不能拆成"大""弓"。

2）能散不连。有时候一个汉字被拆成的几个部分都是复笔字根（不是单笔画），它们之间的关系，在"散"和"连"之间模棱两可。

如："占"拆成"卜""口"，两者按"连"处理，便是杂合型（3型）。两者按"散"处理，便是上下型（2型，正确）。

当遇到这种既能"散"，又能"连"的情况时，我们规定：只要不是单笔画，一律按"能散不连"判别。因此，上例中的"占"，被认为是"上下型"字。

3）能连不交。如果一个结构能按"连"的关系拆分，就不要按"交"的关系拆分。例如：

不=一小　主=丶王　太=大丶　产=立丿

生=丿王　于=一十　下=一卜　开=一艹

天=一大　入=八丶　术=木丶　自=丿目

再看以下拆分实例：

于：一十（二者是相连的）　　　二丨（二者是相交的）

丑：乙土（二者是相连的）　　　刀二（二者是相交的）

当一个字既可拆成相连的几个部分，也可拆成相交的几个部分时，我们认为"相连"的拆法是正确的。因为一般来说，"连"比"交"更为"直观"。

4）兼顾直观。在拆分汉字时，为了照顾汉字字根的完整性，有时不得不暂且牺牲一下"书写顺序"和"取大优先"的原则，形成个别例外的情况。

例1："国"按"书写顺序"应拆成："冂""王""丶""一"，但这样便破坏了汉字构造的直观性，故只好违背"书写顺序"，拆作"囗""王""丶"了。

例2："自"按"取大优先"应拆成："亻""乙""三"，但这样拆，不仅不直观，而且也有悖于"自"字的字源（这个字的字源是"一个手指指着鼻子"）。故只能拆作"丿""目"，这叫作"兼顾直观"。

5）取大优先，也叫能大不小。在各种可能的拆分中，保证按书写顺序每次都拆出尽可能大的字根。

例1："世"的第一种拆法：一、凵、乙（误）

"世"的第二种拆法：廿、乙（正）

显然，前者是错误的，因为其第二个字根"凵"，完全可以向前"凑"到"一"上，形成一个"更大"的已知字根"廿"。

例2："制"的第一种拆法：丿、一、一、冂、丨、刂（误）

"制"的第二种拆法：𠂆、冂、丨、刂（正）

同样，第一种拆法是错误的。因为第二码的"一"，作为"丶"后一个笔画，全可以向前"凑"，与第一个字根"丶"上，凑成"更大"一点的字根"𠂆"。总之，"取大优先"，俗称"尽量往前凑"，是一个在汉字拆分中最常用到的基本原则。至于什么才算"大"，"大"到什么程度才到"边"，只有在熟悉了字根总表后，才不会出错误。

例3："果"的第一种拆法：曰、木（正）

"果"的第二种拆法：曰、十、八（误）

一般来说，首先应保证每次拆出最大的基本字根；在拆出字根数目相等的情况下，"散"比"连"优先，"连"比"交"优先。

任务3　汉字拆分的简单练习

拆分：夷、缶、丑、美、东、勿、非、乘

夷 = 一 + 弓 + 人 ✓　　　东 = 七 + 小　　　✓
夷 = 丆 + 弓 + 乀　　　　东 = 十 + 木
缶 = ⺈ + 山 ✓　　　　　勿 = 勹 + 彡　　　✓
缶 = 宀 + 十 + 凵　　　　勿 = 彡 + 勹
丑 = 刁 + 土 ✓　　　　　非 = 三 + 丨 + 丨 + 三
丑 = 刀 + 二　　　　　　非 = 三 + 丨丨 + 三 ✓
美 = 丷 + 土 + 大　　　　乘 = 禾 + 丬 + 匕 ✓
美 = 丷 + 王 + 大 ✓　　　乘 = 丿 + 十 + 丬 + 匕 + 人

任务4　课后作业

1. 写出下列每一个字的首字根

青让飘不当去关留却悦上然
春人逸过铃当挺下在的也回
如为而是兰白过任额心填首
同之惊讶我花毛来何头情满它
一迷讶我开吹下遗刻烫岁早
首冈青人的风脚的上来了
诗清春生时来走迹下平月踏
一澈就中候的过无了额的上踏
首的如一我日的意无上足足
诗透同个们子路中数的迹行
朦明这小欢我天飘皱皱驻的
胧让首小笑们空走纹纹足路
的人诗的的紧中的想不等
离为它驿跑咬没青用料待
奇之只站过牙有春愉心蓦

2. 拆分汉字练习，写出构成下列汉字的所有字根

汗的是了说了叹
水一青青青之息
是份春春后声
青光的最太便中
春泽溶后贱发带
的看液它他现着
营起在只没自浓
养来溶留有己浓
品似剂下留原的
它乎的一下的
滋更作副任是哀
润亮用躯何来愁
了丽下体光一个
青泪稀有亮庸
春水释人走人

项目2.7 掌握键面汉字的输入

项目描述

了解键名汉字、成字字根和单笔画字根的输入方法。

项目实施要求

熟记25个键名汉字。成字字根和单笔画字根"一""丨""丿""丶""乙"的编码。

项目任务单

1	掌握汉字基本分类方法
2	掌握键名汉字的输入
3	掌握成字字根的输入
4	掌握单笔画字根的输入
5	课后作业

任务1 掌握汉字基本分类方法

知识点

五笔字型输入法把汉字分成两大类。

（1）键面汉字 是在五笔字型字根键盘中已经有的汉字，分为键名汉字、成字字根、单笔画字根。

（2）键外汉字 是在五笔字型字根键盘中没有的，由基本字根组成的汉字，分为二根字、三根字、多根字。

任务2 掌握键名汉字的输入

各个键上的第一个字根，也就是"字根助记词"中打头的那个字根，称为键名字。绝大多数的键名本身就是一个汉字，如金、工、木和人等。键名汉字的分布如图2-7-1所示。

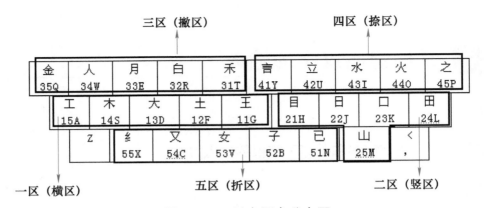

图2-7-1 键名汉字分布图

作为键名汉字的输入方法就是把它们所在键位连打四下，如表2-7-1所示。

表2-7-1 键名汉字输入

键名字根	区位	输入码	键名字根	区位	输入码
王	11	GGGG	人	34	WWWW
土	12	FFFF	金	35	QQQQ
大	13	DDDD	言	41	YYYY
木	14	SSSS	立	42	UUUU
工	15	AAAA	水	43	IIII
目	21	HHHH	火	44	OOOO
日	22	JJJJ	之	45	PPPP
口	23	KKKK	已	51	NNNN
田	24	LLLL	子	52	BBBB
山	25	MMMM	女	53	VVVV
禾	31	TTTT	又	54	CCCC
白	32	RRRR	纟	55	XXXX
月	33	EEEE			

任务3 掌握成字字根的输入

知识点

在五笔输入法的字根中，除了键名以外，自身可以是汉字的字根称为成为字根。
输入成字字根的步骤：
1）报户口（将包含成字字根的那个键敲一下）。
2）输入该汉字的第一笔的笔画代码。
3）输入该汉字的第二笔的笔画代码。
4）输入该汉字的最后一笔的笔画代码。

所以成字字根输入公式：报户口＋第一笔画代码＋第二笔画代码＋末笔画代码，举例见表2-7-2。

表2-7-2 成字字根输入

例字	字根码（报户口）	首笔画（代码）	次笔画（代码）	末笔画（代码）	输入码
雨	雨（F）	一（G）	丨（H）	、（Y）	fghy
羽	羽（N）	乙（N）	、（Y）	一（G）	nnyg
文	文（Y）	、（Y）	一（G）	、（Y）	yygy

任务4 掌握单笔画字根的输入

知识点

单笔画字根即"一""丨""丿""、""乙"，它们的输入方法是：单笔画字根所在键连按2次+LL。所以，五个单笔画的输入码见表2-7-3。

表2-7-3 五个单笔画输入码

笔画	笔画所在键	输入码
一	G	GGLL
丨	H	HHLL
丿	T	TTLL
、	Y	YYLL
乙	N	NNLL

任务5 课后作业

1. 写出下列键名汉字的五笔输入代码

王（   ）土（   ）大（   ）木（   ）工（   ）
目（   ）日（   ）口（   ）田（   ）山（   ）
禾（   ）白（   ）月（   ）人（   ）金（   ）
言（   ）立（   ）水（   ）火（   ）之（   ）
已（   ）子（   ）女（   ）又（   ）纟（   ）

2. 写出下列单笔画的五笔输入代码

一（   ）丨（   ）丿（   ）、（   ）乙（   ）

3. 写出下列成字字根汉字的五笔输入代码

（1）1区的成字字根共23个

犬（   ） 寸（   ） 厂（   ） 雨（   ）

丁（　　　） 干（　　　） 二（　　　） 匸（　　　）

工（　　　） 十（　　　） 戈（　　　） 五（　　　）

弋（　　　） 石（　　　） 廾（　　　） 七（　　　）

大（　　　） 士（　　　） 廿（　　　） 土（　　　）

戈（　　　） 王（　　　） 一（　　　）

（2）2区的成字字根共22个

卜（　　　） 口（　　　） 车（　　　） 早（　　　）

刂（　　　） 甲（　　　） 由（　　　） 贝（　　　）

止（　　　） 曰（　　　） 虫（　　　） 四（　　　）

川（　　　） 力（　　　） 门（　　　） 日（　　　）

上（　　　） 几（　　　） 皿（　　　） 山（　　　）

目（　　　） 田（　　　）

（3）3区的成字字根共21个

白（　　　） 乃（　　　） 月（　　　） 竹（　　　）

彡（　　　） 扌（　　　） 亻（　　　） 八（　　　）

禾（　　　） 夂（　　　） 手（　　　） 用（　　　）

钅（　　　） 人（　　　） 夂（　　　） 金（　　　）

勹（　　　） 歹（　　　） 儿（　　　） 彳（　　　）

夕（　　　）

（4）4区的成字字根共23个

氵（　　　） 丷（　　　） 文（　　　） 冖（　　　）

方（　　　） 立（　　　） 宀（　　　） 又（　　　）

灬（　　　） 水（　　　） 冫（　　　） 小（　　　）

之（　　　） 门（　　　） 广（　　　） 火（　　　）

丬（　　　） 米（　　　） 讠（　　　） 六（　　　）

辶（　　　） 疒（　　　） 言（　　　）

（5）5区的成字字根共22个

巳（　　　） 己（　　　） 马（　　　） 彐（　　　）

巛（　　　） 子（　　　） 尸（　　　） 幺（　　　）

厶（　　　） 纟（　　　） 刀（　　　） 耳（　　　）

心（　　　） 羽（　　　） 又（　　　） 卩（　　　）

了（　　　） 也（　　　） 弓（　　　） 臼（　　　）

凵（　　　） 女（　　　）

项目2.8 练习键面汉字的输入

项目描述

掌握键名汉字、成字字根和单笔画字根的输入方法。

项目实施要求

熟记25个键名汉字、成字字根和单笔画字根"一""丨""丿""丶""乙"的编码。

项目任务单

1	字根练习
2	单字练习
3	课后作业

任务1 字根练习

在练习字根之前，请将字根助记词再背一遍。

打开"金山打字通"，选择"五笔打字"——"码元分区讲解练习"，练习15分钟，复习字根。

任务2 单字练习

1）打开"金山打字通"练习软件，选择"五笔打字"——"单字练习"，单击右上角"课程选择"——"添加"——"批量添加"，如图2-8-1所示，选择文件所在位置，将练习素材添加进去，如图2-8-2所示。

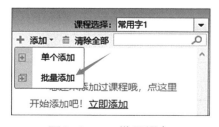

图2-8-1 批量添加

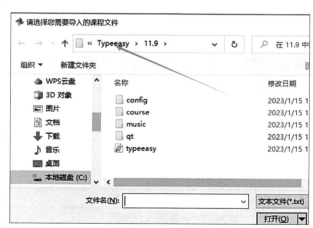

图2-8-2 添加练习素材

2）打开"金山打字通"，选择"五笔打字"——"单字练习"，分别练习jmz.txt和czzg.txt，直到熟练。

3）过程评价：请记录下你打字的速度、正确率，与同组的同学比较、交流一下，看看谁的进步更大，怎样练习才能进步更快。

4）自我总结：常错字_____，速度_____。

5）经常练习常错汉字，有意识地记忆它的编码，然后再看看速度和正确率是否提高了。

任务3 课后作业

拆分汉字练习：写出构成下列汉字的所有字根。

百	榜	背	被	不	部	财	财	产	产	超	诚	承	驰	存
达	大	当	当	到	道	道	得	地	的	的	的	的	的	段
多	多	而	而	反	房	分	分	富	该	高	个	功	贡	股
怪	国	豪	和	和	和	慧	积	极	计	计	惊	据	来	劳
劳	了	累	理	两	楼	码	么	美	名	名	目	年	念	配
其	前	前	勤	渠	人	人	认	认	容	上	实	市	事	是
是	手	数	速	题	统	统	为	为	问	献	相	行	也	业
一	已	以	亿	异	易	应	有	元	在	增	占	长	这	这
着	正	证	致	致	智	中	中	中	资					

项目2.9 练习键外汉字的输入（一）

项目描述

掌握二根字、三根字和多根字的输入方法。

项目实施要求

掌握识别码的输入。

项目任务单

1	掌握多根字的输入
2	掌握二根字、三根字的输入
3	掌握末笔字型交叉识别码
4	课后作业

任务1　掌握多根字的输入

知识点

所谓“多根字”，是指按照规定拆分之后，总数等于或多于4个字根的字。这种字，不管拆出了几个字根，我们只按顺序取其第一、二、三及最末一个字根，俗称“一二三末”，共取四个码。

所以多根字的输入公式为：首字根码+第二字根码+第三字根码+末字根码。

例如

例字	首字根码	第二字根码	第三字根码	第四字根码	输入码
都	F（土）	T（丿）	J（日）	B（阝）	FTJB
樱	S（木）	M（贝）	M（贝）	V（女）	SMMV

对字根特别多的汉字，就要舍去中间第四、五等的字根，只取最后一个字根。

例如

例字	首字根码	第二字根码	第三字根码	第四五六字根	末字根码	输入码
戆	U（立）	J（早）	T（夂）	I 贝	N（心）	UJTN
羸	Y（亠）	N（乙）	K（口）	月 贝 几	Y（丶）	YNKY

任务2　掌握二根字、三根字的输入

知识点

1. 二根字的输入

二根字就是由两个字根组成的汉字。

二根字的输入公式为：首字根码+次字根码+识别码。

例如

例字	拆分字根	字根码	识别码	输入码
字	宀子	PB	F	PBF⎵

2. 三根字的输入

三根字就是由三个字根组成的汉字。

三根字的输入公式是：首字根码+次字根码+第三字根码+识别码。

例如

例字	拆分字根	字根码	识别码	输入码
识	言 口 八	YKW	Y	YKWY

任务3　掌握末笔字型交叉识别码

知识点

1. 什么是识别码

对于不足4个字根（二根字、三根字）的键外字，五笔字型输入法为了减少重码而加的识别码称为末笔字型交叉识别码，简称识别码。

对于4个以上字根码的汉字，基本上是唯一的没有重码，但不足4个字根汉字则会有重码。

例如

"只"和"叭"的字根码均是KW；

"位"和"们"的字根码都是WU。

为了能区别这些汉字，五笔字型输入法规定：此类汉字输入码在其不足4个字根码后再加上一个"末笔字型识别码"，若还不足四码则以空格符"⎵"为结束码。

例如

"只"输入码KWU+空格　　其中的U是末笔识别码

"应"输入码YID+空格　　其中的D是末笔识别码

"拈"输入码RHKG　　　　其中的G是末笔识别码

为了进一步区分这些字，五笔字型编码输入法中引入一个末笔字型交叉识别码，它是由字的末笔笔画和字型信息共同构成的。

具体说来，末笔字型交叉识别码，是将汉字的末笔代号作为十位，字型代号作为个位所构成的两位数，称为汉字的末笔字型交叉识别码，公式为：末笔字型识别码=末笔代码+字型代码。

例如

例字	拆分字根	末笔画	代码	字型	代码	识别码	输入码
只	口 八	、	→4	上下型	→2	42→U	KWU⎵
叭	口 八	、	→4	左右型	→1	41→Y	KWY⎵
字	宀 子	一	→1	上下型	→2	12→F	PBF⎵
识	讠口八	、	→4	左右型	→1	41→Y	YKWY
气	丿乙	乙	→5	上下型	→2	52→B	RNB⎵
头	丷大	、	→4	杂合型	→3	43→I	UDI⎵
万	厂乙	乙	→5	杂合型	→3	53→V	DNV⎵
拈	扌卜口	一	→1	左右型	→1	11→G	RHKG

末笔笔画只有5种，字型信息只有3类，因此末笔字型交叉识别码只有15种，如表2-9-1所示。从表中可见，"汉"字的交叉识别码为Y，"沐""汀""洒"的交叉识码分别为Y、H、G。

表2-9-1 末笔字型交叉识别码

字型 末笔画	左右型 1	上下型 2	杂合型 3
横1	11G	12F	13D
竖2	21H	22J	23K
撇3	31T	32R	33E
捺4	41Y	42U	43I
折5	51N	52B	53V

🔑 **小技巧**

★按如下做法，你只要5分钟就能学会识别码：

"1"型（左右型）字：码元打完之后，补打1个末笔画，即等同于加了"识别码"。

例：沐：氵木丶（"丶"为末笔，补1个"丶"）；汀：氵丁丨（"丨"为末笔，补1个"丨"）；洒：氵西一（"一"为末笔，补1个"一"）。

"2"型（上下型）字：码元打完之后，补打由2个末笔画复合构成的"码元"，即等同于加了"识别码"。

例：华：亻匕十（末笔为"丨"，2型，补打"刂"作为"识别码"）；字：宀子二（末笔为"一"，2型，补打"二"作为"识别码"）；参：厶大彡（末笔为"丿"，2型，补打"R"作为"识别码"）。

"3"型（杂合型）字：码元打完之后，补打由3个末笔画复合而成的"码元"，即等同于加了"识别码"。

例：同：冂一口（末笔为"一"，3型，补打"三"作为"识别码"）；串：口口丨（末笔为"丨"，3型，补打"川"作为"识别码"）；国：囗王丶（末笔为"丶"，3型，补打"氵"作为"识别码"）。

2. 关于"末笔"的几项说明（只适用于五笔字型86版）

1）对于"九、刀、力、匕"四个字根，规定用笔画"折"作为它们的末笔。

例如 🎵

例字	拆分字根	识别码分析	识别码	输入码
男	田力	末笔为"乙"，2型	B	LLB—
化	亻匕	末笔为"乙"，1型	N	WXN—
劳	艹冖力	末笔为"乙"，2型	B	APLB

2）对于带"走之"及带"方框"的包围型字体，它们的末笔规定为被包围部分的末笔。

例如

例字	拆分字根	识别码分析	识别码	输入码
进	二刂辶	末笔"丨",3型	K	FJPK
远	二儿辶	末笔"乙",3型	V	FQPV
团	囗十丿	末笔"丿",3型	E	LFTE
哉	十戈口	末笔"一",3型	D	FAKD

3)"我""戈""成"等字的末笔,遵从"从上到下"的原则,定"丿"为末笔。

例如

例字	拆分字根	输入码分析	输入码
我	丿扌乙丿	取一二三末,只取4码	TRNT
戈	戈一一丿	成字字根,先"报户口",再取1、2、末笔	GGGT
成	厂乙乙丿	取一二三末,只取4码	DNNT

4)单独点:对于"义""太""勺"等字中的"单独点",认为这种"单独点"与其附近的码元是"相连"的,属于杂合型(3型)。其中"义"的笔顺,按上述"从上到下"的原则,认为是"先点后撇"。

例如

例字	拆分字根	字型	识别码	输入码
义	、乂	杂合型	I	YQI⊐
太	大、	杂合型	I	DYI⊐
勺	勹、	杂合型	I	QYI⊐

5)单独笔画与另一字根"相连",为杂合型。

例如

例字	拆分字根	字型	识别码	输入码
正	一 止	杂合型	D	GHD⊐
千	丿 十	杂合型	K	TFK⊐
主	、 王	杂合型	D	YGD⊐

任务4 课后作业

1. 四根字的输入码练习

氧( ) 热( ) 抓( ) 脉( ) 铜( )

您( ) 臂( ) 道( ) 愿( ) 筒( )

期( ) 制( ) 美( ) 怎( ) 使( )

势( ) 含( ) 觉( ) 燃( ) 镇( )

冷( ) 铣( ) 炼( ) 斜( ) 剪( )

荷（　　） 谬（　　） 洞（　　） 摩（　　） 建（　　）
速（　　） 域（　　） 照（　　） 围（　　） 啥（　　）
拿（　　） 游（　　） 壁（　　） 念（　　） 贵（　　）
脚（　　） 善（　　） 两（　　） 造（　　） 簧（　　）
留（　　） 翻（　　） 资（　　） 桑（　　） 影（　　）
命（　　） 岛（　　） 救（　　） 靡（　　） 毒（　　）
貌（　　） 被（　　） 勤（　　） 传（　　） 察（　　）
膜（　　） 岭（　　） 甚（　　） 望（　　） 掌（　　）
追（　　） 型（　　） 耐（　　） 播（　　） 津（　　）
登（　　） 挖（　　） 辉（　　） 够（　　） 零（　　）
探（　　） 船（　　） 律（　　） 致（　　） 都（　　）

2. 超过四根字的输入码练习

感（　　） 常（　　） 鼓（　　） 端（　　） 满（　　）
该（　　） 霉（　　） 愈（　　） 赞（　　） 废（　　）
蒸（　　） 核（　　） 穗（　　） 塔（　　） 州（　　）
锤（　　） 遵（　　） 敏（　　） 整（　　） 腐（　　）
射（　　） 骗（　　） 靠（　　） 编（　　） 孩（　　）
遗（　　） 盛（　　） 赛（　　） 歌（　　） 键（　　）
慧（　　） 篇（　　） 繁（　　） 饲（　　） 塞（　　）
额（　　） 裂（　　） 猪（　　） 溶（　　） 槽（　　）
褐（　　） 割（　　） 擦（　　） 缝（　　） 穿（　　）
警（　　） 露（　　） 领（　　） 版（　　） 献（　　）
遭（　　） 寨（　　） 偏（　　） 题（　　） 耗（　　）
塑（　　） 辅（　　） 龄（　　） 疑（　　） 喊（　　）

3. 末笔画为横的识别码打字练习，并上机验证

丑（　　） 轱（　　） 尘（　　） 柚（　　） 柏（　　）
栩（　　） 翟（　　） 牯（　　） 旦（　　） 轻（　　）
旮（　　） 昱（　　） 奋（　　） 熠（　　） 铒（　　）
肓（　　） 炻（　　） 煳（　　） 沽（　　） 丹（　　）
苟（　　） 眚（　　） 闰（　　） 骷（　　） 和（　　）
肚（　　） 圭（　　） 钍（　　） 刁（　　） 杜（　　）
霍（　　） 告（　　） 回（　　） 铒（　　） 甘（　　）
杠（　　） 玛（　　） 冒（　　） 码（　　） 忝（　　）
蚂（　　） 吗（　　） 孟（　　） 亩（　　） 苗（　　）

眉（　　　）　庙（　　　）　牡（　　　）　捏（　　　）　棚（　　　）
涅（　　　）　拈（　　　）　疟（　　　）　拍（　　　）　粕（　　　）
泣（　　　）　栖（　　　）　迫（　　　）　奇（　　　）　企（　　　）
柏（　　　）　扯（　　　）　备（　　　）　凹（　　　）　铂（　　　）
倡（　　　）　青（　　　）　雀（　　　）　丘（　　　）　茄（　　　）
酋（　　　）　蛆（　　　）　壬（　　　）　润（　　　）　仁（　　　）
冉（　　　）　茸（　　　）　汝（　　　）　苦（　　　）　圣（　　　）
扇（　　　）　晒（　　　）　尚（　　　）　舌（　　　）　仕（　　　）

4．末笔画为竖的识别码打字练习，并上机验证

单（　　　）　仲（　　　）　厕（　　　）　掉（　　　）　刭（　　　）
皋（　　　）　弗（　　　）　犀（　　　）　抖（　　　）　杆（　　　）
讪（　　　）　莘（　　　）　莘（　　　）　倬（　　　）　赶（　　　）
旱（　　　）　郫（　　　）　诚（　　　）　击（　　　）　邝（　　　）
亨（　　　）　剂（　　　）　疗（　　　）　垧（　　　）　巾（　　　）
圻（　　　）　奸（　　　）　井（　　　）　齐（　　　）　嘶（　　　）
连（　　　）　利（　　　）　库（　　　）　叩（　　　）　升（　　　）
痒（　　　）　刨（　　　）　判（　　　）　牛（　　　）　刭（　　　）
匣（　　　）　姙（　　　）　申（　　　）　汕（　　　）　千（　　　）
连（　　　）　丫（　　　）　岸（　　　）　舢（　　　）　午（　　　）
籼（　　　）　羿（　　　）　异（　　　）　梓（　　　）　驯（　　　）
汹（　　　）　忏（　　　）　卑（　　　）　吁（　　　）　胛（　　　）
沂（　　　）　耶（　　　）　羊（　　　）　氕（　　　）　汁（　　　）
斫（　　　）　甬（　　　）　章（　　　）　镡（　　　）　瘴（　　　）
岔（　　　）　蜥（　　　）　畀（　　　）　亍（　　　）　覃（　　　）
卅（　　　）　斗（　　　）　市（　　　）　杵（　　　）　剡（　　　）

5．末笔画为撇的识别码字打字练习，并上机验证

贱（　　　）　旷（　　　）　箧（　　　）　毋（　　　）　曳（　　　）
氕（　　　）　庐（　　　）　少（　　　）　犷（　　　）　场（　　　）
妒（　　　）　矿（　　　）　胪（　　　）　炀（　　　）　铋（　　　）
栈（　　　）　圹（　　　）　杉（　　　）　纩（　　　）　豸（　　　）
彦（　　　）　尹（　　　）　汀（　　　）　铲（　　　）　伐（　　　）
饯（　　　）　溅（　　　）　芦（　　　）　髟（　　　）　户（　　　）
垆（　　　）　浅（　　　）　戎（　　　）　声（　　　）　贼（　　　）
荇（　　　）　栌（　　　）　勿（　　　）　乡（　　　）　轸（　　　）

肜（　　　）　　钐（　　　）　　宓（　　　）

6. 末笔画为捺的识别码字打字练习，并上机验证

泵（　　　）　　汶（　　　）　　败（　　　）　　卞（　　　）　　汉（　　　）

沐（　　　）　　愁（　　　）　　涿（　　　）　　茶（　　　）　　臭（　　　）

浔（　　　）　　淀（　　　）　　待（　　　）　　娑（　　　）　　床（　　　）

等（　　　）　　逯（　　　）　　象（　　　）　　乏（　　　）　　玟（　　　）

钓（　　　）　　钒（　　　）　　纨（　　　）　　缌（　　　）　　父（　　　）

支（　　　）　　吷（　　　）　　讣（　　　）　　柝（　　　）　　椋（　　　）

钩（　　　）　　脒（　　　）　　冈（　　　）　　勾（　　　）　　敫（　　　）

朕（　　　）　　臾（　　　）　　忑（　　　）　　敉（　　　）　　艮（　　　）

焱（　　　）　　礻（　　　）　　忌（　　　）　　破（　　　）　　很（　　　）

贾（　　　）　　砜（　　　）　　砝（　　　）　　抉（　　　）　　钰（　　　）

仅（　　　）　　诀（　　　）　　怀（　　　）　　钦（　　　）　　隶（　　　）

镶（　　　）　　蚕（　　　）　　漏（　　　）　　买（　　　）　　耒（　　　）

罗（　　　）　　恳（　　　）　　凉（　　　）　　铽（　　　）　　铪（　　　）

预（　　　）　　叉（　　　）　　灭（　　　）　　矽（　　　）　　厌（　　　）

谜（　　　）　　枚（　　　）　　触（　　　）　　农（　　　）　　穴（　　　）

圆（　　　）　　聂（　　　）　　莫（　　　）　　狄（　　　）　　朴（　　　）

驭（　　　）　　痔（　　　）　　仆（　　　）　　呕（　　　）　　飞（　　　）

7. 末笔画为折的识别码字打字练习，并上机验证

叨（　　　）　　厄（　　　）　　芳（　　　）　　劝（　　　）　　尢（　　　）

芜（　　　）　　岘（　　　）　　夯（　　　）　　叱（　　　）　　岂（　　　）

扪（　　　）　　仇（　　　）　　阅（　　　）　　筋（　　　）　　囵（　　　）

汜（　　　）　　吡（　　　）　　犰（　　　）　　讥（　　　）　　仓（　　　）

庀（　　　）　　蚍（　　　）　　犾（　　　）　　讯（　　　）　　仓（　　　）

孔（　　　）　　疤（　　　）　　彻（　　　）　　笆（　　　）　　卷（　　　）

纰（　　　）　　扔（　　　）　　妃（　　　）　　纰（　　　）　　尻（　　　）

虏（　　　）　　零（　　　）　　雳（　　　）　　枧（　　　）　　羌（　　　）

杞（　　　）　　枋（　　　）　　晁（　　　）　　万（　　　）　　楷（　　　）

祀（　　　）　　桃（　　　）　　鲂（　　　）　　钫（　　　）　　锈（　　　）

钇（　　　）　　钪（　　　）　　钆（　　　）　　泄（　　　）　　疣（　　　）

幼（　　　）　　疠（　　　）　　虎（　　　）　　铯（　　　）　　邑（　　　）

舫（　　　）　　兆（　　　）　　轧（　　　）　　粑（　　　）　　札（　　　）

元（　　　）　　毛（　　　）　　仂（　　　）　　仉（　　　）　　卮（　　　）

项目2.10 练习键外汉字的输入（二）

项目描述

熟练添加识别码。

项目实施要求

通过验证上堂课的作业，巩固识别码的添加方法。

项目任务单

1	复习键面汉字
2	验证作业
3	课后作业

任务1 复习键面汉字

打开"金山打字通"，选择"五笔打字"——"单字练习"，复习键面汉字的输入。

任务2 验证作业

1）打开"金山打字通"，选择"五笔打字"——"单字练习"，选择文件sbm.txt。练习过程中要注意校对上次识别码的作业。

2）过程评价：请记录下你打字的速度、正确率，与同组的同学比较、交流一下，看看谁的进步更大，怎样练习才能进步更快。

3）将你的错字和速度记录下来。

常错字_____，速度_____。

4）对常错汉字经常练习，有意识地记忆它的编码，然后再看看速度和正确率是否提高了。

ⓘ 小提示

在刚开始学习汉字录入之前，先不求快，而是求正确。

任务3 课后作业

写出下列常用字的编码，并上机验证

的	一	是	在	了	这	有	大	和	主	中	人	上	为	门
地	个	用	工	时	要	动	国	放	以	我	到	他	会	作
来	分	生	对	于	学	下	级	义	就	年	阶	发	成	部
民	可	出	能	方	面	同	行	进	说	种	命	度	革	而
多	子	后	自	社	加	小	机	也	经	力	线	本	电	产
量	长	党	得	实	家	定	深	法	表	着	水	理	化	争
现	所	一	起	政	三	好	十	战	无	家	新	性	前	等
反	体	合	斗	路	图	天	结	第	里	正	如	开	论	之
物	从	当	两	些	还	变	资	事	队	批	思	应	形	想
制	心	样	于	都	向	由	关	点	其	其	代	与	间	内
去	因	件	日	利	相	月	压	员	业	业	或	全	组	数
果	期	导	平	各	基	提	毛	然	比	教	者	展	那	它
最	及	我	没	看	治	认	五	解	林	统	并	米	又	头
意	只	明	四	道	马	席	文	通	条	志	决	克	原	公
孔	领	定	流	人	接	验	位	情	器	委	手	习	此	油
立	题	质	指	建	区	根	活	众	运	专	几	特	别	常
石	强	极	土	少	已	总	共	直	很	热	回	转	么	造
切	九	你	取	西	持	必	料	连	团	光	被	调	管	七
山	程	百	抱	更	见	象	真	保	任	完	色	整	广	处
已	将	修	支	识	病	东	先	老	务	知	受	坚	联	型
具	示	复	安	带	每	计	增	则	单	历	边	求	据	劳
轮	科	北	打	积	车	即	给	节	花	层	清	传	步
类	颠	号	列	温	装	尔	毫	织	止	规	注	至	速
防	史	拉	世	设	达	品	场	轴	再	除	海	交	口
断	况	采	精	金	界	况	判	参	斯	施	紧	办	万
确	究	书	低	术	状	际	厂	须	般	测	齿	千	权
且	儿	表	才	证	越	兵	八	试	刀	技	近	率	布
门	铁	需	走	议	县	置	虫	固	响		引	华	胜
细	影	济	白	格	效	敢	推	空	士		叶	身	选
养	德	话	查	差	半	记	始	片	消		收	底	备
名	红	续	均	药	标	许	难	存					派
准	斤	角	降	维	板		破	述					势
														田

项目2.11 常用字的输入练习

项目描述

熟悉常用字的编码。

项目实施要求

通过对常用字的编码练习，掌握常用字的编码。

项目任务单

1	复习识别码
2	常用字的输入练习
3	课后作业

任务1 复习识别码

打开"金山打字通"，选择"五笔打字"——"单字练习"——"sbm.txt"，复习识别码的输入，特别是要注意常错的字。

任务2 常用字的输入练习

1）打开"金山打字通"，选择"五笔打字"——"单字练习"——"课程选择"——"常用字"。

2）自我总结：请记录下你打字的速度、正确率，与同组的同学比较、交流一下，看看谁的进步更大，怎样练习才能进步更快。

常错字_____，速度_____。

3）对常错汉字经常练习，有意识地记忆它的编码，然后再看看速度和正确率是否提高了。

> ① 小提示
>
> 在练习打字过程中，有的同学喜欢一直打开"编码提示"，觉得这样方便，但是这样做容易养成依赖"编码提示"的习惯，而不能主动思考编码的由来，这对提高你的打字水平是不利的。所以不到万不得已，不要打开"编码提示"。

任务3 课后作业

写出下列难拆字的编码，并上机检验

艾	凹	扒	叭	笆	把	坝	柏	败	拌	钡	备	泵	卜	仑
草	厕	叉	场	倡	扯	尘	驰	尺	斥	愁	仇	臭	触	床
闯	待	丹	单	旦	悼	笛	刁	翟	钓	冬	斗	肚	杜	妒
论	尔	伐	令	犯	坊	妨	肪	访	飞	吠	奋	封	伏	弗
付	父	讣	改	甘	杆	秆	风	杠	皋	告	汞	钩	勾	苟
辜	咕	沽	盅	故	固	刮	挂	圭	闺	汗	叟	夯	亨	弘
户	幻	皇	回	卉	汇	晕	昏	霍	击	讥	伎	剂	忌	佳
贾	钾	笺	肩	奸	茧	见	践	秸	却	戒	巾	仅	京	惊
井	竞	炯	洒	巨	句	卷	抉	框	钩	君	卡	揩	刊	看
扛	抗	元	孔	哭	苦	库	匡	子	矿	旷	旷	亏	奎	坤
垃	兰	雷	泪	厘	里	礼	栗	玛	利	粒	隶	连	凉	晾
疗	各	漏	芦	庐	虏	灭	仓	牡	码	蚂	吗	买	麦	枚
眉	美	闷	孟	苗	庙	刨	闽	羌	牡	尿	扑	聂	牛	农
弄	奴	疟	呕	拍	判	浅	匹	仁	追	茄	怯	仆	厅	齐
乞	企	气	泣	扦	仟	壬	斗	升	巧	其	冗	芹	青	琼
丘	囚	蛆	去	泉	冉	声	闽	廷	戎	市	谁	汝	杀	晒
汕	扇	尚	勺	舌	申	汀	仓	妄	屎	秃	徒	私	宋	诵
酥	岁	她	叹	讨	套	忘	栗	悟	头	位	蚊	吐	推	驮
洼	丸	万	亡	枉	旺	勿	刨	昔	未	矽	虾	纹	闲	问
沃	芜	吾	捂	芯	伍	忻	汀	杏	硒	汹	朽	匣	穴	香
乡	翔	泄	屑	厌	锌	秧	刑	仰	兄	位	沂	玄	曳	血
训	丫	岩	尹	应	喑	佣	佯	蛹	臽	耶	酉	页	余	艺
伊	邑	异	驭	元	拥	钥	痈	孕	万	轴	责	幼	札	鱼
予	吁	誉	尹	丈	圆	正	云	汁	宰	皂	足	扎	植	轧
债	盏	栈	章	辶	瘅	住	仔	自	走	阴	谆			值
址	痔	钟	仲		肘		诗	椎	附	卓	孜			亩

项目2.12 难拆汉字的输入练习

项目描述

练习拆字。

项目实施要求

通过对难拆字的编码练习，掌握难拆字的编码。

项目任务单

1	复习常用汉字输入
2	难拆汉字输入练习
3	课后作业

任务1　复习常用汉字输入

打开"金山打字通"，选择"五笔打字"——"单字练习"——"课程选择"——"常用字"。

任务2　难拆汉字输入练习

1）打开"金山打字通"，选择"五笔打字"——"单字练习"——"课程选择"——"难拆字"。

2）自我总结：请记录下你打字的速度、正确率，与同组的同学比较、交流一下，看看谁的进步更大，怎样练习才能进步更快。

常错字_____，速度_____。

3）对常错汉字经常练习，有意识地记忆它的编码，然后再看看速度和正确率是否提高了。

任务3　课后作业

综合练习：写出下列字的五笔编码，并将这些字以"lx1.txt"为文件名存在"单项练习"文件夹下，以便下次上课验证编码是否正确。

工　式　止　工　了　子　子　子　以　双　又　又　在　大　磊

大　有　朋　月　月　地　寺　圭　土　一　五　王　王　上　止

止　目　不　水　水　水　是　昌　晶　日　中　吕　品　口　国

男　田　田　同　册　山　山　民　忆　忆　已　为　炎　火　火

这 之 之 之 我 多 金 的 折 白 白 要 林 森 木
和 笔 禾 禾 产 立 立 立 发 妇 女 女 人 从 众
众 经 比 纟 乡 主 方 言 下 难 如 肌 宛 瓣 进
膛 外 晨 官 肖 楞 同 城 困 防 虽 钱 粉 时 台
守 骨 妆 入 敢 怕 江 晴 东 盯 约 业 夺 蝇 下
民 相 世 百 睛 伙 所 放 嫌 也 功 汉 是 中 拉
公 离 处 工 了 以 在 有 地 一 上 不 动 重 国
同 为 这 我 的 要 和 产 发 人 经 主 本 数 义
两 都 说 导 力 去 全 于 个 种 它 们 线 问 可
用 员 后 头 他 各 解 就 林 多 业 没 部
只 平 命 基 电 最 期 级

项目2.13 简码的输入

项目描述

掌握一级简码、二级简码、三级简码的输入方法。

项目实施要求

熟背25个一级简码，熟悉600多个二级简码。

项目任务单

1	一级简码的输入
2	二级简码的输入
3	三级简码的输入
4	课后作业

任务1 一级简码的输入

知识点

一级简码也称为高频字，在五笔字型键盘的每一个键位上有一个，25个键位一共25个，要牢记这25个一级简码。

一级简码在键盘上的分布，如图2-13-1所示。

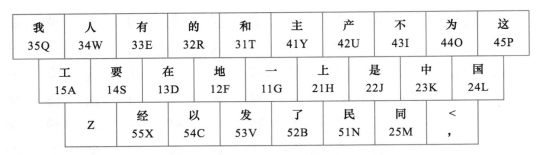

图2-13-1 一级简码

当然，25个高频字可以用一级简码输入，也可以用全码输入，例如输入"这"字，如图2-13-2和图2-13-3所示。

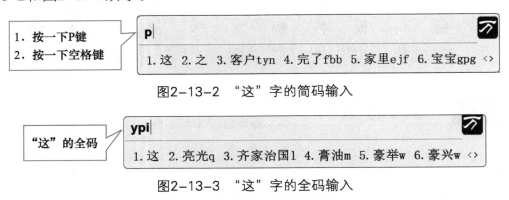

图2-13-2 "这"字的简码输入

图2-13-3 "这"字的全码输入

任务2 二级简码的输入

知识点

二级简码，由单字的前两个字根码再加上空格键即可，理论上讲，25个键位最多允许25×25=625个汉字用二级简码，但由于有几个空位，实际上是610个。表2-13-1列出了所有的二级简码。

表2-13-1 五笔字型二级简码（86版）

二级简码		第二代码				
		GFDSA	HJKLM	TREWQ	YUIOP	NBVCX
第一代码	G	五于天末开	下理事画现	玫珠表珍列	玉平不来	与屯妻到互
	F	二寺城霜载	直进吉协南	才垢圾夫无	坊增示赤过	志地雪支
	D	三夯大厅左	丰百右历面	帮原胡春克	太磁砂灰达	成顾肆友龙
	S	本村枯林械	相查可楞机	格析极检构	术样档杰棕	杨李要权楷
	A	七革基苛式	牙划或功贡	攻匠菜共区	芳燕东 芝	世节切芭药
	H	睛睦睚盯虎	止旧占卤贞	睡睥肯具餐	眩瞳步眯瞎	卢 眼皮此
	J	量时晨果虹	早昌蝇曙遇	昨蝗明蛤晚	景暗晃显晕	电最归紧昆
	K	呈叶顺呆呀	中虽吕另员	呼听吸只史	嘛啼吵噗喧	叫啊哪吧哟
	L	车轩因困轼	四辊加男轴	力斩胃办罗	罚较 辚边	思团轨轻累
	M	同财央朵曲	由则 崭册	几贩骨内风	凡赠峭赕迪	岂邮 凤嬲

（续）

二级简码		第二代码				
		GFDSA	HJKLM	TREWQ	YUIOP	NBVCX
第一代码	T	生行知条长	处得各务向	笔物秀答称	入科秒秋管	秘季委么第
	R	后持拓打找	年提扣押抽	手折扔失换	扩拉朱搂近	所报扫反批
	E	且肝须采肛	肤胆肿肋肌	用遥朋脸胸	及胶膛膦爱	甩服妥肥脂
	W	全会估休代	个介保佃仙	作伯仍从你	信们偿伙	亿他分公化
	Q	钱针然钉氏	外旬名甸负	儿铁角欠多	久勺乐炙锭	包凶争色
	Y	主计庆订度	让刘训为高	放诉衣认义	方说就变这	记离良充率
	U	闰半关亲并	站间部曾商	产瓣前闪交	六立冰普帝	决闻妆冯北
	I	汪法尖洒江	小浊澡渐没	少泊肖兴光	注洋水淡学	沁池当汉涨
	O	业灶类灯煤	粘烛炽烟灿	烽煌粗粉炮	米料炒炎迷	断籽娄烃糨
	P	定守害宁宽	寂审宫军宙	客宾家空宛	社实宵灾之	官字安 它
	N	怀导居 民	收慢避惭届	必怕 愉懈	心习悄屡忱	忆敢恨怪尼
	B	卫际承阿陈	耻阳职阵出	降孤阴队隐	防联孙耿辽	也子限取陛
	V	姨寻姑杂毁	叟旭如舅妯	九 奶 婚	妨嫌录灵巡	刀好妇妈姆
	C	骊对参骖戏	骒台劝观	矣牟能难允	驻骈 驼	马邓艰双
	X	线结顷 红	引旨强细纲	张绵级给约	纺弱纱继综	纪弛绿经比

任务3　三级简码的输入

知识点

三级简码的编码也是有规律的，一般是取正常编码的前三码，输入时只需输入三码加上空格键即可。例如："根"字输入SVE加上空格键即可。绝大多数两字根和三字根汉字不必加末笔字型交叉识别码。在五笔输入法中，可以使用三级简码输入的汉字共有4400个。

使用三级简码输入和使用全码输入相比，并没有减少总的击键次数，但因为省略了最后的字根码和末笔字型识别码，所以也相应地提高了输入的速度。

在五笔输入法中，使用各级简码输入的汉字已经占据了常用汉字的绝大多数，因此掌握好简码输入可以使输入变得简明直观，从而大幅度提高输入速度。

任务4　课后作业

1. 写出一级简码的输入代码

工　了　以　在　有　地　一　上　不　是　中　国　同　民　为
这　我　的　要　和　产　发　人　经　主

2. 写出下列二级简码的输入代码

五　于　天　末　开　下　理　事　画　现　玫　珠　表　珍　列

载过面龙构式芝贞此晚呀喧轴累风长管

霜赤历友检苟蒌卤皮蛤呆现男轻内条秋

城示右肆极基东占眼明顺吵加轨骨知秒

寺增百顾析革燕旧耻蝗叶啼辊现贩行科

二坟丰成格七芳止卢昨呈嘛四思几生现

现无左达机楷区虎瞎遇昆史轼边册现称找

互夫厅灰楞权共盯眍曙紧只困烟崭风答打

到圾大砂可要菜现步蝇归吸因渐迥妯秀拓

妻垢夺磁查李匠睦瞳昌最听轩较则邮物持

屯才三太相杨攻睛眩早电呼车罚由岂笔后

与南机克械棕贡药餐虹晕员哟罗曲迪向第

来协支春林杰功芭具果显另吧办朵霜务么

不吉雪胡枯档或切肯晨晃吕哪胃央峭各委

平进地原村样划节现时暗虽啊斩财赠得季

玉直志帮本术牙世睡量景中叫力同凡处秘

项目2.14 简码输入练习

项目描述

练习一级简码、二级简码的输入。

项目实施要求

熟练一级简码、二级简码的输入。

项目任务单

1	复习单字输入练习
2	简码输入练习
3	课后作业

任务1 复习单字输入练习

打开"金山打字通"，选择"五笔打字"——"文章练习"——"课程选择"——"中文文章"——"普通文章"——"单项练习"，复习单字输入法。

任务2 简码输入练习

1）打开"金山打字通"，选择"五笔打字"——"单字练习"，在课程选择下拉列表，选择一级简码或二级简码，进行练习。

在设置选项中，在刚开始不熟练的时候可以勾选五笔编码提示，熟练之后，就不需要了，不能养成依赖编码提示的习惯。

2）自我总结：请记录下你打字的速度、正确率，与同组的同学比较、交流一下，看看谁的进步更大，怎样练习才能进步更快。

常错字_____，速度_____。

3）对常错汉字经常练习，有意识地记忆它的编码。

任务3 课后作业

写出下列汉字的五笔输入代码

工期	工艺	工区	工匠	工友	节能	节奏	节目	节水
蒸汽	茅台	茅屋	期限	基点	期满	勘误	基调	期望
藏族	斯文	散布	菜场	散步	散发			

项目2.15 词组的输入

项目描述

掌握词组的输入方法，Z键的使用。

项目实施要求

掌握双字词组、三字词组和多字词组的输入方法，万能学习键Z的使用方法。

项目任务单

1	双字词组的输入
2	三字词组的输入
3	多字词组的输入
4	万能学习键Z和重码的使用
5	课后作业

任务1 双字词组的输入

知识点

为了提高输入速度，五笔字型输入法提供了词语输入功能，可以输入双字词组、三字词组和多字词组。

双字词组在汉语词组中所占的比重非常大，熟练掌握双字词组的输入是用户提高文字输入速度的关键。双字词的编码规则是：按书写顺序，取两个字全码的前两个代码，共四码。

例如

词例	首字取第一、二码	次字取第一、二码	输入码
工人	工 工	人 人	AAWW
工厂	工 工	厂 一	AADG
用途	用 丿	人 禾	ETWT
发现	乙 丿	王 门	NTGM
可贵	丁 口	口 丨	SKKH

任务2 三字词组的输入

知识点

由三个汉字组成的词组叫作三字词组。输入时，先在前两个汉字的编码中，各取其第一个代码，然后在第三个汉字的编码中取前面的两个代码，共四码。

例如 ♪

词例	首字取第一码	次字取第一码	第三字取第一、二码	输入码
工艺品	工	艹	口 口	AAKK
新技术	立	扌	木 、	URSY
共产党	廿	立	小 冖	AUIP
幼儿园	幺	儿	囗 二	XPLF
研究生	石	宀	丿 ㇀	DPTG

任务3　多字词组的输入

知识点

由四个汉字或四个汉字以上组成的词组叫作多字词组。输入时，分别取第一、第二、第三和最末汉字的编码中的第一个代码，共四码。

例如 ♪

词例	首字取第一码	次字取第一码	第三字取第一码	末字取第一码	输入码
基本原则	艹	木	厂	贝	ASDM
群众路线	ヨ	人	口	纟	VWKX
国际主义	囗	阝	、	、	LBYY
全国人民代表大会	人	口	人	人	WKWW
中国共产党	口	口	廿	小	LLAI

任务4　万能学习键Z和重码的使用

知识点

1. Z键的作用

在标准键盘上一共有26个字母键，五笔字型的键位被分成5个区，每区5个位，共用去25个键，还剩下Z键未被使用。Z键在五笔输入法中作为特殊的辅助键——万能学习键。它可以代替其他25个字母键中的任何一个键来输入汉字，所以，Z键输入法又称为选择式易学输入法。Z键主要有以下两种使用方法。

1）用Z键来代替识别码输入二根字和三根字。当一时想不出该字的识别码时，可用Z键来代替识别码，即在识别码的位置换上字母Z，就可以查出该字的识别码并输入该字了。

例：欲输入"码"字，但又不知道该字的识别码，可用Z代替该识别码。在键盘上输入："dcz⌴"，就可以查到该字的了。

2）用Z键代替未知的编码。当用户不知道欲输入的汉字的完整编码时，用Z键代替该字编码中未知的代码，可查出该输入码及输入该字。

2. 重码

在五笔字型输入法的编码中，将极少一部分无法唯一确定编码的汉字，用相同的编码来表示，这些具有相同编码的汉字称为"重码"字。

五笔字型输入法对重码字按其使用频率进行了分级处理。输入重码字的编码时，重码字同时显示在字词列表框中，较为常用的字排在第一的位置上，并且计算机发出"嘟"的警报声，提示用户出现重码字。这时只要选择想输入的字的编号即可。若想输入的字正好是选单的第一个字，可不作任何处理，继续输入下一个汉字，想要输入的字会自动选中；或按空格键，第一个字就被自动选中。

任务5 课后作业

写出下列词组的五笔输入码

（1）双字词组

敬献	敬酒	欧洲	区别	警惕	医药	医院	攻克	董事
取代	聚集	堕落	随时	承办	随后	面交	碉堡	尤其
成功	万世	万能	全文	企求	修正	夜色	腐蚀	论据
腐朽	座位	诊费						

（2）三字词组

黄花菜	葡萄酒	工艺品	蔚蓝色	茫茫然	芭蕾舞	莫斯科
欧共体	医药费	英联邦	警卫员	勘误表	英文版	散文集
散文诗	出勤率	联欢会	卫戍区	出成果	出厂价	聘用制
孔夫子	降雨量	陈列室	程序包			

（3）多字词组

联系群众	耳闻目睹	承前启后	了如指掌	降低成本	出人头地
阿弥陀佛	出谋划策	陈词滥调	艰苦卓绝	艰难险阻	难能可贵
鸡犬不宁	骄奢淫逸	感激涕零	大兴安岭	万水千山	历史潮流
威风凛凛	百发百中	克己奉公	奋发图强	龙飞凤舞	百炼成钢
励精图治					

项目2.16 词组输入练习

项目描述

练习词组输入。

项目实施要求

熟练掌握词组的输入。

项目任务单

1	复习单字输入练习
2	词组输入练习
3	课后作业

任务1 复习单字输入练习

打开"金山打字通",选择"五笔打字"——"单字练习"——"课程选择"——"常用字"或"难拆字"。

任务2 词组输入练习

1)打开"金山打字通",选择"五笔打字"——"词组练习",在课程选择下拉菜单选择"两字词组""三字词组""四字词组及多字词组",进行练习。

2)自我总结:练习结束之后,返回登录窗口,打开个人管理账户,及时查看练习过程中"常错键位""常错汉字""综合信息"等相关内容。

常错字_____,速度_____。

3)对常错汉字经常练习,有意识地记忆它的编码。

任务3 课后作业

写出下列汉字的五笔输入代码,不会的字,下次上课讲解。

乙 丁 九 匕 刁 乃 乜 三 干 亍 于 亏 才 下 丈
与 万 上 千 乞 川 么 久 丸 及 亡 丫 义 之 已
己 巳 卫 子 孑 也 飞 习 乡 丰 井 开 亓 夫 天

无	廿	支	卅	不	牙	互	中	内	午	壬	升	天	长	反
爻	乇	氏	丹	卞	为	尹	尺	丑	巴	以	丕	书	贝	末
未	击	戈	正	甘	世	本	术	可	丙	左	央	右	布	戊
平	东	卡	北	凸	归	且	申	甲	由	史	乐	册	冉	凹
生	失	乍	丘	斥	厄	乎	丛	用	甩	氏	孝	匆	包	玄
兰	半	头	必	司	民	弗	疋	出	丝	戎	尧	老	亚	亘
更	再	戍	在	百	而	戊	死	成	夹	夷	凶	至	乩	师
曳	曲	网	肉	年	朱	丢	乔	乒	乓	向	卯	后	兆	舛
产	关	州	兴	农	尽	丞	买	戒	严	巫	求	甫	乱	束
两	丽	来	芈	串	邑	我	囟	希	坐	龟	垂	岛	更	弟
君	直	丧	或	事	卷	卖	非	些	果	畅		乖	兑	奂
卑	阜	周	枭	氓		单	肃	隶					秉	

项目2.17　五笔字型输入法总结

项目描述

总结五笔字型输入法。

项目实施要求

掌握五笔字型输入法。

项目任务单

1	总结五笔字型输入法
2	课堂练习
3	课后作业

任务1　总结五笔字型输入法

知识点

1. 确定汉字输入码的分析步骤

1）输入汉字的时候，首先看所要输入的汉字是否是一级简码的汉字，或者相邻的汉字是否能与其组成词组，是则按相应的方法输入。

2）对步骤1），如果不是，看该字是否是25个键名之一。

3）对步骤2），如果不是，看是否是成字字根。

4）把该字拆成若干个字根，再按四个以上的字根和不到四个字根的两种情况分别处理。

2. 注意事项

1）一定要确定在字根总图上没有所要输入的汉字才开始着手拆字。

例如："虫"是成字字根，其输入码是JHNY，而不应拆成"口""丨""一""、"的组合；"雨"也是成字字根，其输入码是FGHY，而不应拆成GMHI。

2）笔画顺序：拆字所循的笔画顺序有几种特殊情况要留意：

凡是有外口的字，如"园"字，拆成"口""二""儿"三个字根，即首笔是方框而不是下框；"乘"字应是TUX乀。凡是如"栈"和"戊"这样的字，最后一笔是撇而不是点。

在考虑末笔字型识别码的末笔时，凡是有类似"建""迦""这"这些包含"辶"或"廴"的字，规定末笔为除去"辶"或"廴"后的最后一笔，如"建"字的末笔为"丨"；凡是有类似"力""九""刀"样的字，末笔是折笔。例如"仇"的输入码是WVN乀。

3）字根外形：所拆出来的字根与字根总图上的字根要求形状相似，而不是要求一模一样。即相似原则，如"余""你""长""报"的拆分。

4）拆不出所要输入的汉字时，应对照字根表多试几种拆法，多换几种笔画顺序，还可以用Z键代替有疑问的码（最有效）。

5）如何提高速度：除了要有熟练的指法外，主要靠练习，利用词组输入、一级简码和二级简码的输入来提高速度；有时候三级简码对避免花时间想末笔字型识别码也有好处。

图2-17-1总结了汉字五笔输入法的编码规则，可使大家对汉字输入法有一个整体的了解。

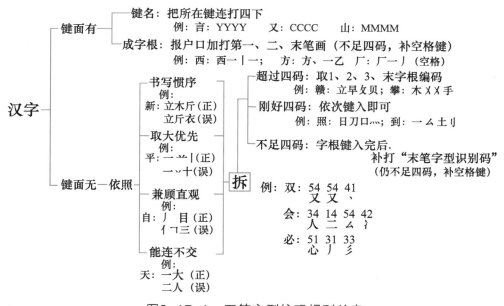

图2-17-1　五笔字型编码规则总表

为了帮助记忆，将五笔字型的取码规则总结成一首口诀，请熟记并体会其中的含义。

五笔字型均直观，依照笔顺把码编；

键名汉字打四下，基本字根请照搬；

一二三末取四码，顺序拆分大优先；

不足四码要注意，交叉识别补后边。

任务2　课堂练习

五笔字型难拆的字、容易拆错的字及部分特殊字

一画

乙〔NNLL 〕

二画

丁〔SGH 〕　七〔AGN 〕　九〔VTN 〕　匕〔XTN 〕　刁〔NGD 〕

了〔BNH 〕　乃〔ETN 〕　也〔NNV 〕

三画

三〔DGGG 〕　干〔FGGH 〕　亍〔FHK 〕　于〔GFK 〕　亏〔FNV 〕

才〔FTE 〕　下〔GHI 〕　丈〔DYI 〕　与〔GNGD 〕　万〔DNV 〕

上〔HHGG 〕　千〔TFK 〕　乞〔TNB 〕　川〔KTHH 〕　么〔TCU 〕

久〔QYI 〕　丸〔VYI 〕　及〔EYI 〕　亡〔YNV 〕　丫〔UHK 〕

义〔YQI 〕　之〔PPPP 〕　已〔NNNN 〕　己〔NNGN 〕　巳〔NNGN 〕

卫〔BGD 〕　子〔BNHG 〕　孑〔BYI 〕　也〔BNHN 〕　飞〔NUI 〕

习〔NUD 〕　乡〔XTE 〕

四画

丰〔DHK 〕　井〔FJK 〕　开〔GAK 〕　亓〔FJJ 〕　夫〔FWI 〕

天〔GDI 〕　元〔FQB 〕　无〔FQV 〕　云〔FCU 〕　专〔FNYI 〕

丐〔GHNV 〕　廿〔AGHG 〕　五〔GGHG 〕　支〔FCU 〕　卅〔GKK 〕

不〔GII 〕　牙〔AHTE 〕　屯〔GBNV 〕　互〔GXGD 〕　中〔KHK 〕

内〔MWI 〕　午〔TFJ 〕　壬〔TFD 〕　升〔TAK 〕　夭〔TDI 〕

长〔TAYI 〕　反〔RCI 〕　爻〔QQU 〕　乏〔TPI 〕　氏〔QAV 〕

丹〔MYD 〕　乌〔QNGD 〕　卞〔YHU 〕　为〔YLYI 〕　尹〔VTE 〕

尺〔NYI 〕　丑〔NFD 〕　巴〔CNHN 〕　以〔NYWY 〕　予〔CBJ 〕

书〔NNHY 〕　贝〔MHNY 〕

五画

末〔GSI一〕 未〔FII一〕 击〔FMK一〕 戋〔GGGT〕 正〔GHD一〕
甘〔AFD一〕 世〔ANV一〕 本〔SGD一〕 术〔SYI一〕 可〔SKD一〕
丙〔GMWI〕 左〔DAF一〕 丕〔GIGF〕 右〔DKF一〕 布〔DMHJ〕
戊〔DNYT〕 平〔GUHK〕 东〔AII一〕 卡〔HHU一〕 北〔UX一〕
凸〔HGMG〕 归〔JVG一〕 且〔EGD一〕 申〔JHK一〕 甲〔LHNH〕
由〔MHNG〕 史〔KQI一〕 央〔MDI一〕 册〔MMGD〕 冉〔MFD一〕
凹〔MMGD〕 生〔TGD一〕 失〔RWI一〕 乍〔THFD〕 丘〔RGD一〕
斥〔RYI一〕 厄〔RGBV〕 乎〔TUHK〕 丛〔WWGF〕 用〔ETNH〕
甩〔ENV一〕 氏〔QAYI〕 乐〔QII一〕 匆〔QRYI〕 包〔QNV一〕
玄〔YXU一〕 兰〔UFF一〕 半〔UFK一〕 头〔UDI一〕 必〔NTE一〕
司〔NGKD〕 民〔NAV一〕 弗〔XJK一〕 疋〔NHI一〕 出〔BMK一〕
丝〔XXGF〕

六画

戎〔ADE一〕 孝〔FTGN〕 老〔FTXB〕 亚〔GOGD〕 亘〔GJGF〕
吏〔GKQI〕 再〔GMFD〕 戌〔DGNT〕 在〔DHFD〕 百〔DJF一〕
而〔DMJJ〕 成〔DYNT〕 死〔GQXB〕 成〔DNNT〕 夹〔GUWI〕
夷〔GXWI〕 尧〔ATGQ〕 至〔GCFF〕 乩〔HKNN〕 师〔JGMH〕
曳〔JXE一〕 曲〔MAD一〕 网〔MQQ一〕 肉〔MWW一〕 年〔RHFK〕
朱〔RII一〕 丢〔TFCU〕 乔〔TDJJ〕 乓〔RGTR〕 乒〔RGYU〕
向〔TMKD〕 囟〔TLQI〕 后〔RGKD〕 兆〔IQV一〕 舛〔QAHH〕
产〔UTE一〕 关〔UDU一〕 州〔YTYH〕 兴〔IWU一〕 农〔PEI一〕
尽〔NYUU〕 丞〔BIGF〕 买〔NUDU〕

七画

戒〔AAK一〕 严〔GODR〕 巫〔AWWI〕 求〔FIYI〕 甫〔GEHY〕
更〔GJQI〕 束〔GKII〕 两〔GMWW〕 丽〔GMYY〕 来〔GOI一〕
芈〔GJGH〕 串〔KKHK〕 邑〔KCB一〕 我〔TRNT〕 囱〔TLQI〕
希〔QDMH〕 坐〔WWFF〕 龟〔QJNB〕 卵〔QYTY〕 岛〔QYNM〕
兑〔UKQB〕 弟〔UXHT〕 君〔VTKD〕

八画

奉〔DWFH〕 武〔GAHD〕 表〔GEU一〕 者〔FTJF〕 其〔ADWU〕
直〔FHF一〕 丧〔FUEU〕 或〔AKGD〕 事〔GKVH〕 枣〔GMIU〕

卖〔FNUD 〕 非〔DJDD 〕 些〔HXFF 〕 果〔JSI⌐〕 畅〔JHNR 〕
垂〔TGAF 〕 乖〔TFUX 〕 秉〔TGVI 〕 臾〔VWI⌐〕 卑〔RTFJ 〕
阜〔WNNF 〕 乳〔EBNN 〕 周〔MFKD 〕 枭〔QYNS 〕 氓〔YNNA 〕
卷〔UDBB 〕 单〔UJFJ 〕 肃〔VIJK 〕 隶〔VII⌐〕 承〔BDII 〕
丞〔BKCG 〕

九画

奏〔DWG⌐〕 哉〔FAKD 〕 甚〔ADWN〕 巷〔AWNB 〕 柬〔GLII 〕
咸〔DGKT 〕 威〔DGV⌐〕 歪〔GIGH 〕 面〔DMJD 〕 韭〔DJDG 〕
临〔JTYJ 〕 禹〔JMHY 〕 幽〔XXMK〕 拜〔RDFH 〕 重〔TGJF 〕
禹〔TKMY 〕 俎〔WWEG 〕 胤〔TXEN 〕 养〔UDYJ 〕 叛〔UDRC 〕
首〔UTHF 〕 举〔IWFH 〕 昼〔NYJG 〕 咫〔NYKW 〕 癸〔WGDU 〕

十画

艳〔DHQC 〕 袁〔FKEU 〕 哥〔SKSK 〕 鬲〔GKMH 〕 孬〔GIVB 〕
乘〔TUXV 〕 邕〔QOBX 〕 玺〔QIGY 〕 高〔YMKF 〕 离〔YBMC 〕
弱〔XUXU 〕 哿〔LKSK 〕 能〔CEXX 〕

十一画

焉〔GHGO 〕 黄〔AMWU〕 乾〔FJTN 〕 啬〔FULK 〕 戚〔DHIT 〕
匏〔DFNN 〕 爽〔DQQQ 〕 匙〔JGHX 〕 象〔QJEU 〕 够〔QKQQ 〕
馗〔VUTH 〕 孰〔YBVY 〕 兽〔ULGK 〕 豚〔XJQC 〕 胬〔VCM⌐〕

十二画

棘〔GMII 〕 黹〔OGUI 〕 辉〔IQPL 〕 鼎〔HNDN 〕 甥〔TGLL 〕
黍〔TWIU 〕 粤〔TLON 〕 舒〔WFKB 〕 就〔YIDN 〕 啻〔IPTK 〕
巯〔CAYQ 〕 巯〔XGXX 〕 越〔FHA⌐〕

十三画

鼓〔FKUC 〕 赖〔GKIM 〕 嗣〔KMAK〕 叠〔CCCG 〕

十四画

嘉〔FKUK 〕 截〔FAWY 〕 赫〔FOFO 〕 聚〔BCTI 〕 斡〔FJWF 〕
兢〔DQDQ 〕 龈〔DNHC 〕 臧〔DNDT 〕 夥〔JSQQ 〕 舞〔RLGH 〕
毓〔TXGQ 〕 辜〔TLFF 〕 鼐〔EHNN 〕 疑〔XTDH 〕 孵〔QYTB 〕
暨〔VCAG 〕

十五画

虢〔EFHM 〕 颐〔AHKM〕 靠〔TFKD 〕 觑〔LLLN 〕 豫〔CBQE 〕

噩〔GKKK 〕 整〔GKIH 〕 臻〔GCFT 〕 冀〔UXLW 〕

十七画

戴〔FALW 〕 黝〔EEMK 〕 黻〔OGUC 〕 黏〔TWIK 〕 爵〔ELVF 〕
赢〔YNKY 〕 馘〔UTHG 〕 隳〔BDAN 〕

十八画

馥〔TJTT 〕 鞯〔UJFE 〕

十九画

黼〔OGUY 〕 鬶〔IQFC 〕 蠃〔YNKY 〕 羸〔YNKY 〕 疆〔XFGG 〕

任务3 课后作业

写出下列汉字的五笔输入代码，并上机验证。

戈　弋　阝　卩　凵　臼　盛　勤　武　贰　竹　羽
绕　户　彦　殷　翘　废　舆　凹　凸　戈　弋　戊
夕　丫　兆　兜　鹿　噬　尴　尬　粤　养　羊　鼠

项目2.18 了解常用五笔字型输入法

项目描述

介绍常用的五笔字型输入法。

项目实施要求

了解98版五笔字型输入法、新世纪版五笔输入法的特点，通过选择合适的输入法，提高打字速度。

项目任务单

1	了解几个版本的五笔字型输入法
2	了解常用的五笔字型输入法
3	了解常用的五笔字型练习软件
4	五笔打字练习
5	课后作业

知识点

五笔字型因为是王永民教授发明，所以也称为"王码五笔"。自输入法问世以来，得到了广泛的使用。不仅在中国，在新加坡、马来西亚等东南亚国家也是常见的汉字输入法。经历了不断地更新和发展，目前王码五笔字有三个定型的版本，分别是86版、98版和新世纪版。

1. 新世纪版五笔

新世纪版五笔是三个版本五笔中最为规范的五笔，王永民设计新世纪版五笔时就加强了对繁体字的支持，而且如果没有特殊的要求，仅个人使用的话，学新世纪版五笔是最好的选择，因为86版和98版五笔取码不规范的地方比较多。

2. 98版与86版五笔字型输入法的区别

与86版五笔字型输入法相比，98版五笔字型输入法具有更强大的功能。

1）既能批量造词，还能取字造词。

2）提供内码转换器，能在不同的中文操作平台之间进行转换。

3）支持重码动态调试。

4）能够编辑码表，既能创建容错码，又能对五笔字型编码进行编辑和修改。

98版五笔字型输入法的拆分原则与86版大体相同，但也存在一些区别，主要区别如表2-18-1所示。

表2-18-1 98版五笔字型与86版五笔字型的主要区别

	98版五笔字型	86版五笔字型
基本单位的称谓	码元	字根
基本单位的数量	245	130
处理汉字的数量	国标简码字6763个，我国港、澳、台地区的13053个汉字	国标简码字6763个

3. 98版五笔输入法的码元分布

98版五笔字型输入法也是将一个汉字拆分成几个字根，再按字根在键盘上的分布一次按键，并且它的区号、位号等与86版五笔字型输入法相同，只是在字根分布上有一些差异。98版五笔字型输入法的码元分布如图2-18-1所示。

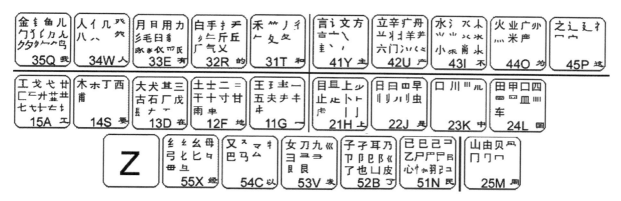

图2-18-1　98版五笔字型输入法的码元分布

助记口诀：

王旁青头戋五一，土士二干十寸雨，大犬三羊古石厂，

木丁西在一四里，工戈草头右框七。

目止具头卜虎皮，日早两竖与虫依，口中一川三个竖，

田甲方框四车力，山由骨头贝框几。

禾竹反文双人立，白斤气头手边提，月乃用舟家衣下，

人八登祭把头取，金夕犭儿包头鱼。

言文方广在四一，立辛两点病门里，水族三点兴类小，

火里业头四点米，之字宝盖补礻衤。

已类左框心尸羽，子耳了也框上举，女刀九巛臼山倒，

又巴劲头私马依，绞丝互幺弓和匕。

任务2　了解常用的五笔字型输入法

知识点

五笔字型输入法很多，例如万能五笔、极品五笔、搜狗五笔等，在常用的拼音输入法里面也包含了五笔输入法，所以不一定需要特地下载安装。可以根据实际需要选择自己的输入法。

1. 万能五笔输入法

集成了通用的五笔、拼音、英语、笔画、拼音+笔画、英译中等多元编码、是一种使学习和使用连成一体，功能强大而又使用方便的输入软件，遇到不会拆的字，也可以直接用拼音输入。

2. 极品五笔输入法

极品五笔内置了直接支持两万多汉字编码的五笔和新颖实用的陈桥拼音（增加了笔画输入），具有智能提示、语句输入、语句提示及简化输入。极品五笔同时可支持台湾省BIG5码汉字Windows系统。

3. 搜狗五笔输入法

搜狗五笔输入法是目前网络新一代的五笔输入法，可选五笔+拼音、纯五笔、纯拼音等模式，还承诺永久免费。搜狗五笔输入法与传统输入法不一样的是，不仅支持随身词库超前的互联网同步功能，还兼容现在强大的搜狗拼音输入法的全部皮肤，让输入适合更多人。

任务3　了解常用的五笔字型练习软件

知识点

金山打字是一款非常优秀的打字练习软件，它提供了英文打字、拼音打字、五笔打字等练习，还可以测试打字速度，并且提供了打字游戏，提高打字用户的兴趣和积极性。因此，本教材就以金山打字为例，介绍五笔字型打字练习。

其他常用的五笔字型练习软件还有打字精灵、五笔打字员等，也可以到网上下载你喜欢的打字练习软件。

任务4　五笔打字练习

1）打开"金山打字通"，选择"五笔打字"——"文章练习"，在"课程选择"下拉菜单选择"中文文章"——"普通文章"——"单项练习"，复习存在其中的作业。

2）打开"金山打字通"，选择"单字练习"，复习"常用字""难拆字"的输入。

3）将上次作业的易错字以"lx2.txt"命名，保存在"单项练习"文件夹下，进行练习。注意校正作业中的错误。

4）自我总结：将常错汉字记录下来：＿＿＿＿＿＿＿＿＿＿＿＿＿＿＿＿＿＿＿。

任务5　课后作业

1）思考一下，如何将五笔字型输入法设置为默认的输入法？

2）继续进行五笔打字练习。

项目2.19　设置五笔字型输入法属性

项目描述

掌握五笔字型输入法属性的设置方法。

项目实施要求

学会设置五笔字型输入法的常用属性。

项目任务单

1	将五笔输入法设为默认输入法
2	设置五笔字型输入法的属性
3	五笔打字练习
4	课后作业

任务1　将五笔输入法设为默认输入法

知识点

先下载安装一款自己喜欢的输入法，选择"开始"——"设置"——"时间和语言"——"语言"——"键盘"，然后将五笔字型输入法设置为默认的输入法，以后在默认状态下都自动处于五笔输入法状态，其具体操作步骤如图2-19-1和图2-19-2所示。

有时可以直接在输入法设置里面进行设置。例如在搜狗输入法中，选择"菜单"——"属性设置"——"常用"——"输入法管理器"，在其中可以设置成功。

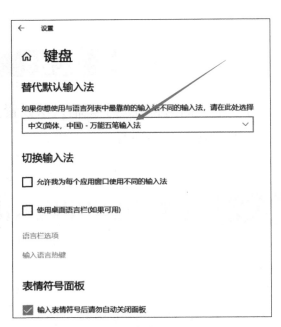

图2-19-1　具体操作步骤（一）　　　　　图2-19-2　具体操作步骤（二）

任务2　设置五笔字型输入法的属性

知识点

在使用五笔字型输入法输入文字的过程中，还可以根据自己的喜好设置五笔字型输入法的一些属性。

设置五笔字型输入法属性需先单击输入法的主菜单，弹出如图2-19-3所示菜单，选择"工具箱"，弹出如图2-19-4所示对话框。

图2-19-3　主菜单　　　　　　图2-19-4　工具箱

任务3　五笔打字练习

1）打开"金山打字通"，选择"五笔打字"——"文章练习"，在"课程选择"下拉菜单中选择"中文文章"——"普通文章"——"单项练习"，复习存在其中的作业。

2）打开"金山打字通"，选择"单字练习"，复习"常用字""难拆字"的输入。

3）自我总结：每次练习结束之后，返回登录窗口，打开个人管理账户，及时查看练习过程中"综合信息""常错键位""常错汉字"等相关内容。

4）将常错汉字记录下来：_____。

任务4　课后作业

思考一下，如何输入下面的一些偏旁部首？

亅　丨　灬　亠　犭　饣　扌　衤　讠　宀　辶　钅　礻　廴　亻　纟　刂　氵　丿　夂　彳　卩　阝　凵　忄　氵　疒　丬　宀　卝　匚　艹　勹　豸　厶　纟　幺　毛　夭　壬　乍　彡　豕　奚　亘　丌　虍　禺　弁　巛　彐　屮　龰　殳

项目2.20　输入特殊字符

项目描述

在五笔输入状态下输入特殊字符。

项目实施要求

掌握特殊字符的输入方法。

项目任务单

1	输入偏旁部首
2	用不同五笔输入法输入特殊符号
3	用软键盘输入特殊字符
4	五笔打字练习
5	课后作业

任务1　输入偏旁部首

知识点

1. 直接用五笔输入法输入

在五笔输入法中，偏旁部首的输入方法与成字字根的输入方法相同，即：报户口+首笔画代码+次笔画代码+末笔画代码，不足4键要加补空格。

2. 其他一些偏旁部首的输入

丨：hhl	灬：oyyy	亠：yyg	犭：qte	亻：qnb
扌：rgh	礻：pyi	讠：yyn	宀：pyn	辶：pyny
钅：qtgn	衤：pui	廴：pny	亻：wth	纟：xxx
刂：jhh	氵：iyyg	丿：ttl	夂：ttn	彳：ttth
卩：bnh	阝：bnh	凵：bnh	忄：nyhy	丬：uyg
疒：uygg	丬：uygh	宀：pyy	廿：aghh	匚：agn
艹：agt	勹：qtn	豸：eer	厶：cny	糸：xiu
幺：xnny	毛：tav	夭：tdi	壬：tfd	乍：thf
彡：ett	豕：egt	奚：exd	亘：gjg	丌：gjk
虍：hav	咼：kmwu	弁：caj	巛：vnnn	彐：vng
屮：bhk	疋：nhi	殳：mcu	丶：yyl	

任务2　用不同五笔输入法输入特殊符号

知识点

1. 智能五笔

（1）特殊符号输入

智能五笔首创了分号"；"输入特殊符号的编码方式，使得特殊符号输入不仅方便，而且不会与汉字输入编码重码。例如想输入"√"符号，只需要键入";dh"即可看到提示条中的显示，按下空格键即可输入。

如果对智能五笔默认的特殊符号编码不太习惯，也可自行修改这些编码，方法是在提示条右键菜单中选择"辅助功能"→"定义字词符号"→"自定义符号"，打开自定义符号管理对话框，其中每行定义一个符号的编码，根据需要修改左边的符号编码即可，当然，也可以新增符号编码，编码（不包含分号）和符号之间用空格隔开即可，要注意编码为一至二码，不能是三码或四码。

（2）疑难字的输入

对于五笔输入法来说，像"凹""凸"之类的字是很难记住编码的，虽然智能五笔可以使用右Ctrl键切换到拼音状态进行辅助输入，但毕竟有些麻烦。为此，智能五笔还提供了一种简便输入这些疑难字的方法，就是连按四下"Z"键，这时在提示条中会显示出疑难字列表，例如按下数字"2"即可输入"凹"字。

🔵 **小提示**

在智能五笔提示条右键菜单中选择"辅助功能"→"定义字词符号"→"疑难字表"，可以对疑难字表进行自定义，把自己常用的难拆的字用拼音输入进去即可。

（3）大写金额输入

在智能五笔中输入大写金额的编码规则为"分号键＋引号键＋数字键＋小数点＋数字键"。例如，当你要输入"壹万贰仟叁佰肆拾伍元陆角柒分"时，可以先按一下分号键，再按一下引号键（分号键右边的键），键入数字"12345.67"，然后按一下空格键即可。

2. 五笔加加

五笔加加默认对一些常用的特殊符号进行了编码，其编码规则是该符号中文名称对应的五笔编码。例如要输入"√"符号，只需要输入其中文名称"对勾"的五笔编码"cfqc"，即可在提示条上看到提示，由于有重码，按下数字"2"即可输入。具体编码与特殊符号对应列表可以打开C:\Program Files\WBJJ目录中的"wbjj_biaod.htm"文件进行查看。

此外，对于一些像"Ⅰ""Ⅱ""Ⅲ""Ⅳ""①""②""③""④""⑤"之类的系列符号，五笔加加则规定了另外的简便输入规则，首先按Z键，进入系列符号输入状态，然后输入系列符号中文名称对应的五笔编码，即可从提示条中进行选择输入。例如要输入"Ⅲ"，就可以先输入"Z"，再输入"大写罗马"的五笔编码"dplc"，然后按数字"3"选择即可。系列符号的编码对应关系也可以打开"wbjj_biaod.htm"文件查看。

🔵 **小提示**

单击五笔加加提示条，选择"管理工具"菜单下的"自定义编码工具"，单击"编辑单个符号表"按钮或"编辑成组符号表"按钮，可对特殊符号及其编码进行增删、修改操作。

任务3 用软键盘输入特殊字符

知识点

在输入法上的软键盘上单击鼠标右键，如图2-20-1所示，选择需要输入的符号类别，可以进行一些特殊符号的输入。

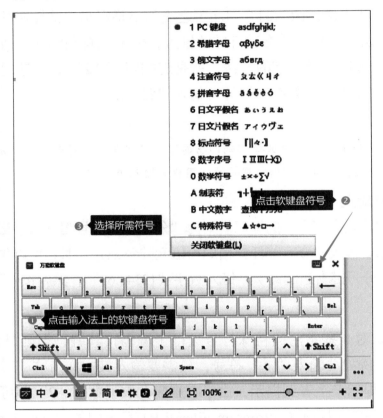

图2-20-1 右击输入法的软键盘，可以输入特殊符号

任务4 五笔打字练习

1）打开"金山打字通"，选择"五笔打字"——"文章练习"，在"课程选择"下拉菜单中选择"中文文章"——"普通文章"——"单项练习"，复习存在其中的作业。

2）打开"金山打字通"，选择"单字练习"，复习"常用字""难拆字"的输入。

3）自我总结：每次练习结束之后，返回登录窗口，打开个人管理账户，及时查看练习过程中"综合信息""常错键位""常错汉字"等相关内容。

4）将常错汉字记录下来：_____。

任务5 课后作业

1）继续进行五笔打字训练。

2）要求能准确地用五笔输入法输入每一个汉字。

汉字输入法的发展

当我们在计算机或手机上飞快打字的时候，可能无法想象在二十世纪七八十年代，中文输入成了阻碍我国计算机推广普及的一项卡脖子的技术。在1984年洛杉矶奥运会上，当时外国记者已经普遍开始使用计算机打字进行文字记录了，他们用双手飞快地记录着现场发生的一切，然后将讯息传回国内。当法新社记者看到我国记者还在手写新闻发稿时，开始嘲笑说："洛杉矶奥运会现场有7000多名记者，但只有你们中国人在使用最笨的方法进行报道。"这是一段惨痛的历史，因为从中华人民共和国成立以来，我国被西方国家封锁，科技发展和世界先进水平脱轨严重。

为什么无法在QWERTY键盘上输入汉字呢？原因很简单，汉字实在是太多了。2023年8月1日正式实施的GB 18030-2022《信息技术 中文编码字符集》强制性国家标准比原有的标准增加了部分汉字和少数民族字符；和外文不一样的是，汉字不由ABCD这些字母组合成。

1980年12月，第二次汉字计算机编码学术会议在杭州召开，提出了汉字编码测评标准，推动了汉字编码的优选和优化。

由于流行的QWERTY键盘与几万个汉字无法匹配，因此专家们首先想到的是开发一款专门为汉字输入而设计的键盘。当时的汉字专用键盘有三种，一种是大键盘，把几千个汉字按照部首分区，放在一个巨大的键盘上，要用哪个就点击哪个；这个方案优点是，直接就会打字不需要学习，缺点是不能盲打，速度极慢。第二种是仿照日本人设计"主辅键键盘"，打字员需要记住每个汉字处在哪个分区，排序在哪个位置，需要付出巨大的学习成本。第三个方案则是汉字激光照排之父王选院士提出的256键"中键盘"方案。这个方案把所有汉字拆成了1000多个笔画和部首，把他们放在256个按键上，按照结构组合这些"零部件"就能像拼玩具一样拼出想要的汉字。到了1985年，全国有80多个研究所和生产单位在研究计算机输入技术，开发出相对成功的汉字输入系统50多个，出现了"万码奔腾"的局面。

当时这么多输入法里面最成功的当数五笔字型输入法。这是河南南阳科委的王永民，一位34岁的年轻汉语言文化学家兼新时代通讯工程师发明的。他把《现代汉语词典》中12000多个汉字逐一分解，进行了分类统计，归纳出了600多个组织单位，王永民将他们命名为字根，并且根据出现频度，选出了其中最常用的125种，把中文专用键盘的键位，从256个压到了188个，又压到了62个，完全适配26键的QWERTY键盘。为了降低重码，王永民发明了末笔字型识别码，将每个字最后一个笔画编码定位，将重码率降低了一个数量级。1983年8月28日，王永民发明的五笔字型输入法宣告诞生。五笔的优点首先就在于快，因为引入了横竖撇捺折五种笔画的分区，使得用户最多只需要按五次键，就能锁定唯一的汉字。没有重码意味着用户不再需要挑选想要的字词。经过练习甚至可以实现双盲输入。也就是不看键盘，也不看屏幕打字。五笔的键位少，更容易学习。其次就是五笔完美兼容QWERTY键盘，不需要专门开发新的硬件。

1984年，国家科委和国防科工委先后发布文件，向全国、全军推广五笔字型。1986年，五笔字型经由外交部进入联合国，也在同年以数十万美元的价格，将使用权出售给美国DEC公司，成为我国第一个出口美国的计算机专利技术，此后IBM、微软、苹果陆续购买专利使用权。在计算机还不普及的90年代，学会使用五笔输入法被认为是一种职业技能，大量的培训班都在教授如何使用五笔打字。在国内，五笔也成为一代人最早接触和学习的汉字输入法，曾经风靡全中国。

五笔字型仅仅使用26个字母，完全依据笔画和字形特征对汉字进行编码，按王永民的说法，就是"用科学的方法和设计，让汉字跨越数字化鸿沟"。新华社将五笔字型誉为中华文化史上"意义不亚于活字印刷术"的重大发明。

王永民也因此先后荣获"全国劳动模范""全国五一劳动奖章""改革先锋"等荣誉称号，被誉为当代"毕昇"。

1995年，智能ABC输入法诞生，这是一款经典的拼音输入法。但是由于它的重码率很高，输入效率依然不如五笔输入法。

随着互联网的飞速发展，搜狗拼音输入法横空出世。它通过搜狗的搜索引擎，极大地扩展了词库。用户输入的拼音不再是与本地词库对应，而是与整个中文互联网的内容匹配。搜狗拼音输入法还包括了整句输入、联想输入等功能，此外它还会记录你常用的高频词。随着长期使用，它会越来越顺手。这些功能的加入，让拼音输入法的效率大大提高，搜狗输入法一年内占据了90%的市场份额。虽然后来出现了腾讯拼音输入法、谷歌拼音输入法、百度拼音输入法等，但是搜狗拼音输入法依然占据着最大的市场份额。

为什么现在拼音输入法反超了五笔输入法呢，因为拼音输入法更容易学习使用，几乎人人能够直接上手，不需要专门的学习。九年制义务教育体系，从小学一年级第一堂语文课开始，我们就在学习拼音了；一直到高考，拼音就没有离开过语文学习，拼音对我国年轻人来说，几乎人人都会。在五笔的用户群中，有不少60后，他们没有接受完整的拼音教育，但能读会写。这批人用起五笔反而更加顺畅。

随着人工智能的发展以及模式识别在文字识别和语音识别等方面的应用，语音输入、手写输入也达到了相当高的水平，但是从语音识别、文字识别、机器翻译、语义理解等方面的研究水平及其目前已投放市场的产品来看，还需要不断完善。

　　研究现代中国的历史学家汤姆·马拉尼说，中国在打字技术方面正大踏步前进，而西方远远落在后面。马拉尼指出，在计算机键盘上打英文，是"使用键盘的最基本方式"，在键盘上按下"a"键，"a"就会出现在屏幕上，"这不需要使用计算机的处理能力和内存"；但是，在连接到一台中文计算机的键盘上键入"a"，计算机将会"智慧"地推测你可能会打出的汉字，键入一个汉字，本质上是键入一组指令来检索一个特定的汉字。最后，马拉尼赞扬道："使用键盘上26个英文字母按键，敲击出数万个繁复美丽的汉字，几代华人为此进行了不懈的努力。"

◆ 模块 3

录入综合训练

📝 学习目标

- ⭕ 能设置输入法属性。
- ⭕ 能熟练使用至少一种中文输入法并达到一定速度。
- ⭕ 能熟练输入字符、符号、混合文本，每分钟输入汉字50字以上。

🎯 能力目标

- ⭕ 能准确快速地输入出现的各种符号。
- ⭕ 完成文稿输入要有高度责任心和坚持不懈的苦练精神。

项目3.1 时政稿输入练习

项目描述

练习中文打字。

项目实施要求

练习中文打字，要求每分钟输入10～20个正确的汉字。

项目任务单

1	技能学习
2	中文打字练习
3	课后作业

任务1 技能学习

技能要点

中文打字的大部分内容已经讲解结束，接下来要进行大量的练习，以提高速度。大家还记得汉字录入的姿势吗？

正确录入的姿势：

1）应坐直身体，并使身体位于键盘的正中偏右的位置，座椅应调整到适当的高度。

2）两臂自然下垂，两肘轻贴腋边，手指轻放于键盘上，手腕平直、放松。

3）显示器应放在键盘正前方，原稿放在键盘左侧，以便阅读。

录入的要领：

1）坚持眼看原稿，十指分工。

2）手指触键，击键要短促有力。

3）精神高度集中，宁慢勿错。

汉字录入的速度、准确率与录入指法的正确与否有着非常密切的关系。以后，在进行连续文本录入训练过程中，我们都要利用5～10分钟进行指法练习，以达到"热身"的目的。

拓展阅读

吉利大学学生江秀香1分钟674字创速录世界纪录

据中央电视台《朝闻天下》报道，北京吉利大学法政学院江秀香同学以674.44字/min的速度在全国第二届速录师信息处理大赛上创造了新的汉字录入世界纪录，并将代表我国参加2013年在比利时根特举办的第49届国际速录大赛。10月18日，国际速联名誉主席、中国中文信息学会速记专业委员会会长唐可亮代表中国中文信息学会速记专业委员会发来贺信，希望我校把速录专业办得更好，培养出更多汉字速录优秀人才，为我国中文信息处理事业做出更大贡献。

一分钟录入674.44个汉字，相当于每秒钟录入十多个汉字。正常人的讲话速度是150字/min左右，经过专业训练的播音员可以达到250字/min，江秀香的录入速度已经大大超过了一般人的正常语速。

江秀香是2010级法律事务专业2班的学生，入学不久就参加了北京吉利大学法政学院开办的第一期速录培训班，在法政学院专职教师、全国速录比赛冠、亚军陈芳芳、李秋月老师的辅导下学习速录，并通过初级速录师资格考试。与此同时，江秀香的各门文化课、专业课平均成绩达到了96.23分。2012年6月，江秀香初次参加北京市第三届职业技能大赛，荣获速录比赛极限看打第三名。在已经取得成绩的基础上，江秀香不骄不躁，积极进取，奋勇争先，更加刻苦地学习、训练，终于创造了新的世界纪录。

任务2 中文打字练习

知识点

输入汉字时，如果将连贯的汉字以词组的方式进行输入，就能缩短词组的输入码，减少击键次数，从而提高汉字输入速度。所以，大家应尽量用词组输入。

1）打开"金山打字通"练习软件，选择"拼音打字"或"五笔打字"——"文章练习"，选择右上角的"课程选择"，选择"添加"——"批量添加"命令，如图3-1-1所示。选择相应文件，将练习素材添加进去，如图3-1-2所示。

2）打开"金山打字通"练习软件，选择"拼音打字"或"五笔打字"——"文章练习"——"自定义课

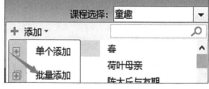

图3-1-1 批量添加

程" ——《实践没有止境》。

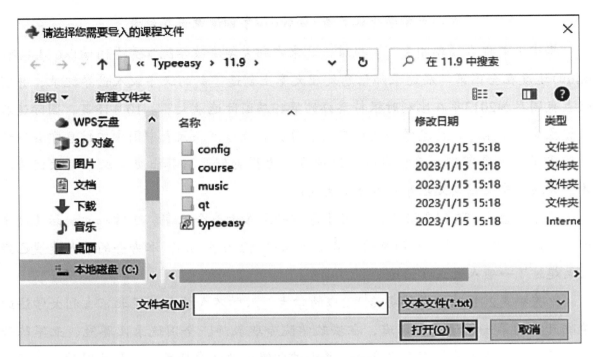

图3-1-2　添加练习素材

3）自我总结：练习结束之后，记录页面下方的本次练习的情况汇总，包括时间、速度、进度、正确率等，如图3-1-3所示。返回主页，打开个人账户，可以查看今天的，还有以往练习的"进步曲线"内容。

图3-1-3　本次练习情况汇总

要特别留意哪些字容易出错，分析一下是指法错误造成的，还是输入码错误。对容易错误的字有意识地加强记忆，就能提高正确率了。

练习时间（min）	速度（个/min）	正确率（%）	错误字

4）过程评价：将这篇文章反复练习，比较每天练习的速度，看看是否有了提高，有没有达到今天练习的要求（每分钟10～20字）。

任务3　课后作业

1）继续进行中文打字练习。

2）要求每分钟录入10～20字。

项目3.2 法律稿输入练习

项目描述

练习中文打字。

项目实施要求

练习中文打字，对于熟稿要求每分钟录入10～20个正确的汉字。

项目任务单

1	技能学习
2	中文打字练习
3	课后作业

任务1 技能学习

技能要点

1）听打字高手介绍，如何提高打字速度？

①准确是第一前提。

②提高击键的频率。要训练眼、脑、手之间信号传递的速度，它们之间的时间差越小越好，眼睛看到了一个字母马上传给大脑然后到手，这时眼睛仍要不停顿地扫描后面的字。

③在打字过程中要专心，也要有紧迫感，既要稳重，也要有竞争意识。同学之间经常进行打字竞赛，是训练紧迫感、提高速度的好方法。

④利用更好的输入软件，好的输入软件有两个要点：智能化、人性化。

⑤每天按摩手指，多做一些手指运动，经常握握拳用力，这样做有利手上的血液流通，会增加手指的灵活性。

此外，多练一些不太常用的字。因为碰上不常用字时经常要考虑，这样会很耽误时间。

2）打开"金山打字通"，各人根据自己的情况，选择不同的中文打字课程，注意坐姿和指法。

任务2　中文打字练习

1）打开"金山打字通"，练习《实践没有止境》，大约半小时。

2）练习"综合练习"下的《公民的基本权利和义务》。

3）自我总结：练习结束之后，记录本次练习的情况汇总；练习时间、速度、正确率等；返回主页，打开个人账户，可以查看今天练习的"进步曲线"内容。

要特别留意哪些字容易出错，分析一下是指法错误造成的，还是输入码错误。对容易错误的字有意识地加强记忆，就能提高正确率了。

练习时间（min）	速度（个/min）	正确率（%）	错误字

4）过程评价：换成新的练习稿时，速度是否下降了不少？这是因为生稿速度比熟稿慢，所以一篇文章需多练习，记住大部分字的编码后，速度就快了。

> **⑩ 小提示**
>
> 　练习打字的时候，同一篇文章要多练几遍，最好能记住文章中大部分代码，这样不仅可以提高该文章的输入速度，而且当你已记住代码的文字出现在新文章中时，你的输入速度就会变快。

任务3　课后作业

1）继续进行中文打字练习。

2）要求每分钟录入10～20字。

项目3.3　财经稿输入练习

项目描述

练习中文打字。

项目实施要求

练习中文打字，要求每分钟录入20～30个正确的汉字。

项目任务单

1	技能学习
2	中文打字练习
3	课后作业

任务1 技能学习

技能要点

听打字高手介绍，如何提高打字速度。

1）选择中文输入法原因：选效率更高的输入方式是可以节省更多时间的，另外学习中文输入法你可以记得字形，不会有提笔忘字的感觉。

2）指法还是指法，熟悉键盘。学打字一定要严格要求自己的指法，一定要把手指按照分工放在正确的键位上。

3）盲打，速度的不二法门。有意识慢慢地记忆键盘各个字符的位置，逐步养成不看键盘的输入习惯，学会盲打。

4）尽量使用词组输入。

5）利用反查功能。如果你对中文输入法不是特别熟悉，很多情况下遇到一些字拆不出来，这时可以利用编码反查。

6）保存好自己的自定义词库。可以把自己经常打的句子或特定的词放在自定义词语设置中。

7）中英文切换尽量不要用鼠标，除了使用<Ctrl+空格>组合键进行中文输入法与英文输入法切换之外，还有Shift键可以临时切换。

8）记住一些特别标点符号的输入。

9）半角与全角转换的快捷键。

用一个等式来说就是：打字高手 = 正确的指法 + 键盘记忆 + 集中精力 + 准确输入。

任务2 中文打字练习

知识点

1）请继续练习《公民的基本权利和义务》大约半小时。

2）练习"综合练习"下的《博鳌论坛演讲》。

3）自我总结：练习结束之后，记录本次练习的情况汇总；练习时间、速度、正确率等；返回主页，打开个人账户，可以查看今天练习的"进步曲线"内容。

要特别留意哪些字容易出错，分析一下是指法错误造成的，还是输入码错误。对容易错误的字有意识地加强记忆，就能提高正确率了。

练习时间（min）	速度（个/min）	正确率（%）	错误字

4）过程评价：反复练习这篇文章，比较每次的速度，看看是否有了提高，有没有达到今天的练习要求（每分钟20～30字）。

任务3　课后作业

1）继续进行中文打字练习。
2）要求每分钟录入20～30字。

项目3.4　农业稿输入练习

项目描述

熟练掌握中文的输入方法，提高录入速度。

项目实施要求

练习中文打字，要求每分钟录入20～30个正确的汉字。

项目任务单

1	技能学习
2	中文打字练习
3	课后作业

任务1　技能学习

技能要点

练习进行到现在，大家可能发现速度提高得没有以前快了，总是停留在一个速度上不去，这就是进入了"瓶颈"期。

首先，"瓶颈"现象，是学习过程中的一种正常现象，只要不泄气，继续练习，速度就会有明显提高。

其次，仔细分析一下速度慢的原因所在。很多人喜欢用退格键，只要发现了错误，马上用退格键修改，看起来正确率是100%，但是换来的是速度的严重下降。因此，我们在练习过程中，不要急于修改、掩盖错误，而是要发现错误，注意改正错误，并且在下一次的输入中减少错误，尽量做到一次性地准确输入。

任务2　中文打字练习

1）请继续练习《博鳌论坛演讲》半小时。

2）练习"综合练习"下的《农药浸种》。

3）自我总结：练习结束之后，记录本次练习的情况汇总；练习时间、速度、正确率等；返回主页，打开个人账户，可以查看今天练习的"进步曲线"内容。

要特别留意哪些字容易出错，分析一下是指法错误造成的，还是输入码错误。对容易错误的字有意识地加强记忆，就能提高正确率了。

练习时间（min）	速度（个/min）	正确率（%）	错误字

4）过程评价：反复练习这篇文章，比较每次的速度，看看是否有了提高，有没有达到今天练习的要求（每分钟20～30字）。

任务3　课后作业

1）继续进行中文打字练习。

2）要求每分钟录入20～30字。

项目3.5　中文打字综合测试（一）

项目描述

练习中文打字。

项目实施要求

练习中文打字，反复练习这段时间的文章，然后全班进行打字速度测试。

项目任务单

1	指法练习
2	中文打字测试
3	课后作业

任务1 指法练习

打开"金山打字通",各人根据自己的情况,选择不同的中文打字课程,注意坐姿和指法。

任务2 中文打字测试

1)反复练习这段时间给出的文章,挑自己打得最快的文章进行测试,看自己对熟稿的最快录入速度可达到多少。

2)评出本班打字高手。

3)过程评价:

练习时间(min)	速度(个/min)	正确率(%)	错误字

任务3 课后作业

1)继续进行中文打字练习。

2)要求每分钟录入20~30字。

项目3.6 文章输入练习(散文)

项目描述

熟练掌握中文的输入方法,提高录入速度。

项目实施要求

练习中文打字,要求每分钟录入30~40个正确的汉字。

项目任务单

1	基础知识学习
2	中文打字练习
3	课后作业

任务1 基础知识学习

拓展知识点 ASCII码和Unicode码

汉字是世界上最古老的文字之一，也是最优美的文字之一。中华文化博大精深，中华文明在几千年的历史长河中熠熠生辉、生生不息，依靠的是汉字在承载中华文化上的沟通和桥梁的作用。汉字是中华文化优秀的记录符号和里程碑的基石，每一个简单的汉字背后都是一部优秀的中华文化史。

文化的流传离不开文字的载体。最初，文字的载体有陶器、甲骨、青铜器、玉、石、竹简、木牍、帛等，纸的发明和使用是汉字载体演变过程中的一个里程碑。随着计算机时代的到来，文字的载体又增添了芯片、磁盘、光盘、磁带等。

那么，一个个的方块汉字在计算机内部是如何输入、如何处理、如何输出的呢？

对于计算机来说，我们在屏幕上看到的千姿百态的文字、图片、甚至视频是不能直接识别的，而是要通过某种方式转换为0和1组成的二进制的机器码，最终被计算机识别。

对于数字来说，将十进制的数字转换为二进制，就能直接被计算机识别（如5转换为二进制是0101）。但是对于像ABCD这样的英文字母，还有!@#$这样的特殊符号，计算机是不能直接识别的，所以就需要有一套通用的标准来进行规范。这套规范就是ASCII码。

ASCII码是美国信息交换标准码（American Standard Code for Information Interchange），缩写为ASCII。ASCII虽然是美国国家标准，但它已被国际标准化组织（ISO）认定为国际标准，并在世界范围内通用。

ASCII码有7位版本和8位版本两种。国际上通用的7位版本，即用7位二进制数来表示英文字母、字符，最高位恒为0，称为基本ASCII码。7位版本的ASCII码有128个元素，其中通用控制字符33个，阿拉伯数字10个，大、小写英文字母52个，各种标点符号和运算符号33个。至于8位版本的ASCII码，用8位二进制表示，当最高位为1时，形成扩充的ASCII码，它表示数的范围为128～255，可表示128种字符。

具体字符编码见表3-6-1。

表3-6-1 ASCII码表

H / L	0000	0001	0010	0011	0100	0101	0110	0111
0000	NUL	DLE	SP	0	@	P	'	p
0001	SOH	DC1	!	1	A	Q	a	q
0010	STX	DC2	"	2	B	R	b	r
0011	ETX	DC3	#	3	C	S	c	s
0100	EOT	DC4	$	4	D	T	d	t

（续）

H L	0000	0001	0010	0011	0100	0101	0110	0111
0101	ENQ	NAK	%	5	E	U	e	u
0110	ACK	SYN	&	6	F	V	f	v
0111	BEL	ETB	,	7	G	W	g	w
1000	BS	CAN	)	8	H	X	h	x
1001	HT	EM	(	9	I	Y	i	y
1010	LF	SUB	*	:	J	Z	j	z
1011	VT	ESC	+	;	K	[	k	{
1100	FF	FS	'	<	L	\	l	|
1101	CR	GS	-	=	M	]	m	}
1110	SO	RS	.	>	N	^	n	~
1111	SI	US	/	?	O	_	o	DEL

按照这套ASCII的编码标准，就很容易知道，'\0'代表的是0，'A'代表的是65，而'a'代表的是97，'A'和'a'之间正好相差了32。ASCII码使用127个字符，表示了A～Z这26个字母的大小写，包含了数字0～9及所有标点符号以及特殊字符，甚至还有不能在屏幕上直接看到的字符，比如回车、换行、Esc等。ASCII码虽然只有127位，但基本实现了对所有英文的支持。

由于ASCII是单字节编码，无法用来表示中文（中文编码至少需要2个字节），所以，中华人民共和国工业和信息化部制定了GB 18030-2022《信息技术 中文编码字符集》强制性国家标准，将中文编了进去。但世界上有许多不同的语言，如希腊文字、韩文、日文等，127个字符肯定不够了，需要一种统一的编码，这时就引入了Unicode的概念。

统一码（Unicode），也叫万国码、单一码，由统一码联盟开发，是计算机科学领域里的一项业界标准，包括字符集、编码方案等。统一码是为了解决传统的字符编码方案的局限而产生的，它为每种语言中的每个字符设定了统一且唯一的二进制编码，以满足跨语言、跨平台进行文本转换、处理的要求。

任务2　中文打字练习

1）练习"综合练习"下的《清清白白做人》。

2）自我总结：练习结束之后，记录本次练习的情况。

要特别留意哪些字容易出错，分析一下是指法错误造成的，还是输入码错误。对容易错误的字有意识地加强记忆，就能提高正确率了。

练习时间（min）	速度（个/min）	正确率（%）	错误字

今天的速度，是否达到要求的30～40字/min呢？

任务3　课后作业

1）继续进行中文打字练习。

2）要求每分钟录入30～40字。

项目3.7　文章输入练习（小说）

项目描述

熟练掌握中文字型的输入方法，提高录入速度。

项目实施要求

练习中文打字，要求每分钟录入30～40个正确的汉字。

项目任务单

1	基础知识学习
2	中文打字练习
3	课后作业

任务1　基础知识学习

拓展知识点　区位码、国标码和内码

汉字交换码：ASCII码是针对英文的字母、数字和其他特殊字符进行编码的，它不能用于对汉字的编码。要想用计算机来处理汉字，就必须先对汉字进行适当的编码，这就是"汉字交换码"。

国标码：国家标准代码，简称国标码。国家强制标准冠以"GB"。现行的是中华人民共和国工业和信息化部制定的GB 18030-2022《信息技术　中文编码字符集》，于2023年8月1日开始实施。新版标准比上一版增加了约1.7万个生僻汉字，甚至还收录了我国绝大部分人名、地名所用生僻字以及文献、科技等专业领域的用字，能够满足各类使用需求，为传承中华文化、增强中文信息处理能力、满足姓名带生僻字人群的用字需求提供了强有力的标准保障。

机内码：为了避免ASCII码和国标码同时使用时产生二义性问题，大部分汉字

系统都采用将国标码每个字节高位置1作为汉字机内码。这样既解决了汉字机内码与ASCII内码之间的二义性，又使汉字机内码与国标码具有极简单的对应关系。

汉字机内码、国标码和区位码3者之间的关系为：

1）区位码先转换成十六进制数表示。

2）（区位码的十六进制表示）+ 2020H = 国标码。

3）国标码 + 8080H = 机内码。

举例：以汉字"大"为例，"大"字的区位码为2083。

1）区号为20，位号为83。

2）将区位号2083转换为十六进制表示为1453H。

3）1453H + 2020H = 3473H，得到国标码为3473H。

4）3473H + 8080H = B4F3H，得到机内码为B4F3H。

任务2　中文打字练习

1）继续练习《清清白白做人》半小时。

2）练习"综合练习"下的《人间正道是沧桑》。

3）自我总结：练习结束之后，记录本次练习结果，要特别留意哪些字容易出错，分析一下是指法错误造成的，还是输入码错误。对容易错误的字有意识地加强记忆，就能提高正确率了。

练习时间（min）	速度（个/min）	正确率（%）	错误字

任务3　课后作业

1）继续进行中文打字练习。

2）要求每分钟录入30～40字。

项目3.8 文章输入练习（评论）

项目描述

熟练掌握中文字型的输入方法，提高录入速度。

项目实施要求

练习中文打字，要求每分钟录入30～40个正确的汉字。

项目任务单

1	基础知识学习
2	中文打字练习
3	课后作业

任务1 基础知识学习

拓展知识点 汉字字形码和汉字库

字形码是点阵代码的一种，为了将汉字在显示器或打印机上输出，将汉字按图形符号设计成点阵图，就得到了相应的点阵代码（字形码）。在显示器上显示的字形码组成显示字库，在打印机上打印的字形码组成打印字库。

全部汉字字形码的集合叫汉字字库。汉字字库可分为软字库和硬字库。软字库以文件的形式存放在硬盘上，为现在多用的方式。硬字库则将字库固化在一个单独的存储芯片中，再和其他必要的器件组成接口卡，插接在计算机上，通常称为汉卡。

像铅字印刷要有各种铅字字模一样，计算机要处理汉字也需要存有汉字的字模（字形）。汉字的字形数字化后得到了汉字的字形码，并以二进制文件的形式存储在存储器上，构成了汉字字库，也称汉字字形库。

标准字型分为点阵和曲线两种。点阵字库把每个汉字分别定在一个划分为M行、N列的网格方块内，方块内的每个小方格是一个点，有笔画的方格涂成黑点，用二进制中的数字1代表；没有笔画的方格内部空白，用二进制中的数字0代表，这样一个汉字，就可以用若干个二进制数字来表示了。这个方块就叫作一个M×N的点阵，如果M等于N，我们就简称这个点阵为M点阵，比如16点阵、24点阵、32点阵等。点阵数越大，所表现的字形越精确、越逼真，所占用的存储量也越大。一个16点阵的汉字字形要占32个字节的存储量。图3-8-1是一个16点阵的汉字字形。

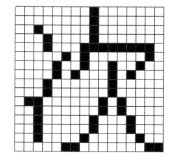

图3-8-1　16点阵的汉字字形

点阵数据不经压缩，直接存储在芯片中，使用简便、成本低，适用面广，但字型粗糙，只适用于低分辨率显示和打印。而曲线字型质量可达到印刷出版水准，可任意缩放，但需要较大的存储空间和Wintel的PC平台对字型数据解压缩，不适用于非PC及无硬盘的IT产品，不能满足PC时代IT产品对高分辨率曲线库的需求。

任务2 中文打字练习

1）继续练习《清清白白做人》半小时。

2）练习"综合练习"下的《负责、守责、尽责》。

3）自我总结：练习结束之后，记录本次练习结果，要特别留意哪些字容易出错，分析一下是指法错误造成的，还是输入码错误。对容易错误的字有意识地加强记忆，以提高正确率。

练习时间（min）	速度（个/min）	正确率（%）	错误字

今天的速度，是否达到要求的每分钟30～40字呢？

任务3 课后作业

1）继续进行中文打字练习。

2）要求每分钟录入30～40字。

项目3.9 文章输入练习（游记）

项目描述

熟练掌握中文字型的输入方法，提高录入速度。

项目实施要求

练习中文打字，要求每分钟录入30～40个正确的汉字。

项目任务单

1	基础知识学习
2	中文打字练习
3	课后作业

任务1 基础知识学习

拓展知识点 输入码

汉字的输入码是为了将汉字通过键盘输入计算机而设计的代码。汉字输入编码方案很多，可按照汉字的属性分为四类：音码、形码、音形结合码或形音结合码、非音非形码。

音码是完全利用汉字的拼音输入的方法。这类输入法主要按照拼音规定来输入汉字，不需要记忆，只要会拼音就可以输入汉字，如全拼双音、双拼双音、新全拼、新双拼、智能ABC、微软拼音等。但这类输入法的缺点一是同音字太多，重码率太高，输入效率低；二是对用户的发音要求较高；三是难于处理不认识的生字。

形码是以汉字的字形结构为编码原则，将汉字拆分成笔画、部首、字根等部分作为码元的编码方案，如中文字型、表形码、郑码等。这类输入法最大的优点是重码少、不受方言干扰、效率高，但缺点是需要记忆的东西比较多，长时间不用会忘掉。

音形结合码或形音结合码吸取了音码和形码的优点，将二者混合使用。它是一种以汉字的发音或字形为基础，再以字形或拼音为辅助，以区别同音或形近的汉字的编码方案，如二笔、丁码等。这类输入法的特点是速度较快，且不需要专门培训。

非音非形码也称流水码或整字码，它在汉字与一种数字序列之间建立了一一对应的关系，一个汉字对应一个编码，只要输入某汉字的数字编码，就可以得到这个汉字，如电报码、区位码、内码等。这类方法重码率几乎为零，效率高，可以高速盲打，但需要较强的记忆力才能掌握。

任务2　中文打字练习

1）继续练习《负责、守责、尽责》半小时。

2）练习"综合练习"下的《布达拉宫》。

3）自我总结：练习结束之后，记录本次练习结果，要特别留意哪些字容易出错，分析一下是指法错误造成的，还是输入码错误。对容易错误的字有意识地加强记忆，就能提高正确率了。

练习时间（min）	速度（个/min）	正确率（%）	错误字

今天的速度，是否达到要求的每分钟30~40字呢？

任务3　课后作业

1）继续进行中文打字练习。

2）要求每分钟录入30~40字。

项目3.10 中文打字综合测试（二）

项目描述

练习中文打字。

项目实施要求

练习中文打字，反复练习这段时间的文章，然后全班进行打字速度测试。

项目任务单

1	指法练习
2	中文打字测试
3	课后作业

任务1 指法练习

打开"金山打字通"，各人根据自己的情况，选择不同的中文打字课程，注意坐姿和指法。

任务2 中文打字练习

1）反复练习这段时间的文章，挑自己打得最快的文章进行测试，看自己对熟稿的最快速度可达到多少。

2）评出本班打字高手。

3）过程评价：

速度（字/min）	录入汉字总数（个）	错误字数（个）	正确率（%）

4）将常错汉字记录下来：

常错汉字_____。

正确编码_____。

任务3 课后作业

1）继续进行中文打字练习。

2）要求每分钟录入30～40字。

项目3.11 文章输入练习（诗歌）

项目描述

熟练掌握中文字型的输入方法，提高录入速度。

项目实施要求

练习中文打字，要求每分钟录入40～50个正确的汉字。

项目任务单

1	基础知识学习
2	中文打字练习
3	课后作业

任务1 基础知识学习

拓展知识点 计算机处理汉字的过程

我们已经介绍了ASCII码、Unicode码、区位码、国标码、内码、汉字字形码、汉字库以及输入码，现在回到前面的问题：一个个的方块汉字在计算机内部是如何输入、如何处理、如何输出的呢？

我们通过使用不同的输入法将汉字的输入码由键盘输入计算机，输入码按照一定的程序、规则转换为由0和1组成的若干字节的汉字内码。0表示低电平，1表示高电平，这是计算机能够识别、传递、处理的电信号。0和1组成的高低电平在计算机、网络上传递，就是信息的传输、处理过程。计算机汉字显示原理图如图3-11-1所示。

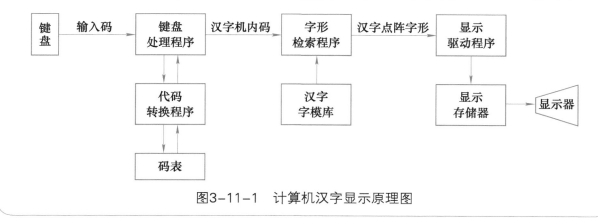

图3-11-1　计算机汉字显示原理图

汉字内码又根据一定的规则在汉字字库中找到相应的汉字，在显示器或打印机上输出。汉字编码关系示意图如图3-11-2所示。

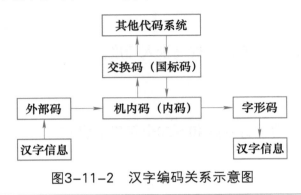

图3-11-2 汉字编码关系示意图

任务2 中文打字练习

1）练习"综合练习"下的《大堰河，我的保姆》。

2）自我总结：练习结束之后，记录本次练习结果，要特别留意哪些字容易出错，分析一下是指法错误造成的，还是输入码错误造成的。对容易错误的字有意识地加强记忆，就能提高正确率了。

练习时间（min）	速度（个/min）	正确率（%）	错误字

是否达到要求的每分钟40～50字呢?

任务3 课后作业

1）继续进行中文打字练习。

2）要求每分钟录入40～50字。

项目3.12 文章输入练习（文言文）

项目描述

熟练掌握中文字型的输入方法，提高录入速度。

项目实施要求

练习中文打字，要求每分钟录入40～50个正确的汉字。

项目任务单

1	基础知识学习
2	中文打字练习
3	课后作业

任务1 基础知识学习

拓展知识点 输入法

我们使用QWERTY式键盘，可以毫无障碍地直接输入英文，但是无法输入方块的汉字或其他形义文字。因此，为了满足不同的语言文字的输入要求，就产生了不同的输入法。

输入法是指为将各种符号输入计算机或其他设备（如手机）而采用的编码方法，并不是指实现文字输入的软件。

输入法基本分为三类：

（1）以字形义为基础的形码输入法 这种输入法快且准确度高，但需要专门学习。如12345输入法广泛应用在手机等手持设备上，计算机上广泛使用的有中文字型输入法、郑码输入法。在港澳台等地流行的形码有仓颉输入法、行列输入法、大易输入法、呒虾米输入法等。

（2）以拼音为基础的编码方法 在中国，只要接受过九年义务教育的人，都能熟练使用汉语拼音。因此，原本只是用来标记汉字读音的拼音，也可以轻松地作为汉字的输入编码被用户接受。常用的拼音输入法有搜狗输入法、百度输入法、QQ拼音输入法、谷歌拼音输入法等。使用拼音输入法时无需专门学习。广义上的拼音输入法还包括我国台湾使用的以注音符号作为编码的注音输入法，我国香港使用的以粤语拼音作为编码的粤拼输入法。

（3）音形码输入法 这是以拼音（通常为拼音首字母或双拼）加上汉字笔画或者偏旁为编码方式的输入法，代表的输入法有二笔输入法、自然码和拼音之星谭码等。流行的输入法软件有超强两笔输入法、极点二笔输入法、自然码输入法软件等。

广义上的输入法还包括手写识别、语音识别、OCR扫描阅读器、速录机等。

手写识别，是指将在手写设备上书写时产生的有序轨迹信息转换为汉字内码的过程。手写识别属于文字识别和模式识别范畴，我们常说的手写识别是指联机手写体识别，是人机交互最自然、最方便的输入方式，易学易用，可取代键盘或者鼠标。

语音识别就是让机器通过理解和识别，把语音信号转变为相应的文本或命令的技术。

中国物联网校企联盟形象地把语音识别比作为"机器的听觉系统"。很多专家都认为语音识别技术是2000年至2010年间信息技术领域十大重要的科技发展技术之一。在移动终端上的应用最为火热，语音对话机器人、语音助手、互动工具等层出不穷。国产语音识别软件包括科大讯飞、云知声、盛大、捷通华声、搜狗语音助手、紫冬口译、百度语音等。

OCR扫描阅读器是可通过扫描印刷或手写的文本将其转化为数字文本的机器，它不仅广泛应用于企业办公、图书馆档案、政府机构等领域，还拓展到了文物、古籍等急需翻译或还原的高难度文献领域。常用的有转易侠扫描王、闪电OCR图片文字识别软件、迅捷文字识别软件、风云OCR文字识别软件等。此外微信、QQ都有自带的"扫一扫"自动识别小程序。

任务2　中文打字练习

1）打开"金山打字通"，继续练习《大堰河，我的保姆》。

2）练习"综合练习"下的《少年中国说》。

3）自我总结：练习结束之后，记录本次练习结果，要特别留意哪些字容易出错，分析一下是指法错误造成的，还是输入码错误造成的。对容易错误的字有意识地加强记忆，就能提高正确率了。

练习时间（min）	速度（个/min）	正确率（%）	错误字

任务3　课后作业

1）继续进行中文打字练习。

2）要求每分钟录入40～50字。

项目3.13　文章输入练习（古诗）

项目描述

熟练掌握中文字型的输入方法，提高录入速度。

项目实施要求

练习中文打字，要求每分钟录入40～50个正确的汉字。

项目任务单

1	基础知识学习
2	中文打字练习
3	课后作业

任务1 基础知识学习

拓展知识点 中文输入法的评估标准

汉字输入法主要有自然输入法和键盘输入法。自然输入法是指通过手写、听、听写、读听写等方式进行输入的方法，目前主要用到手写笔、语音识别、手写加语音识别，以及 OCR 扫描阅读器等。键盘输入法是运用标准（QWERTY）键盘录入汉字的各种方法。汉字键盘输入法的种类多样，真正是"百花齐放、百家争鸣"。但汉字键盘输入法也存在质量参差不齐、用户群人数多少不等、不遵守汉字规范等现象，迫切需要对其进行评测。

对键盘汉字输入法的规范，我国在1980年至2003年间先后颁布了四个国家标准。

1）1980年，我国颁布了第一个汉字编码字符集标准，即GB/T 2312-1980《信息交换用汉字编码字符集基本集》。该标准共收录了6763个汉字及其他常用符号，奠定了中文信息处理的基础，并应用至今。

2）1993年，国际标准化组织发布了ISO/IEC 10646-1-1993《信息技术 通用多八位编码字符集（UCS）第一部分：体系结构与基本多文种平面》。我国等同采用此标准制定了GB13000.1—1993（现行标准为GB/T 13000—2010）。该标准采用了全新的多文种编码体系，收录了中、日、韩20 902个汉字，相当于是对GB 2312—80标准中的字集进行扩充。

3）2000年，GB 18030—2000《信息技术 信息交换用汉字编码字符集 基本集的扩充》和GB/T 18031—2000《信息技术 数字键盘汉字输入通用要求》发布，这两个标准是科学实用的评测标准，规定了输入法必须达到的性能指标，对如何规范输入法起到了重要的指导作用。相应现行的标准是GB 18030—2022《信息技术 中文编码字符集》和GB/T 18031—2016《信息技术 数字键盘汉字输入通用要求》。

4）2003年，GB/T 19246—2003《信息技术 通用键盘汉字输入通用要求》发布，对原有标准进行了完善和丰富。

在上述四个标准中，GB/T 2312—1980、GB 13000.1—1993和GB 18030—2005应该

说是对基本汉字的范围进行了规范，在对输入法的规范性和评测方面 GB/T 18031—2000 和 GB/T 19246—2003起着重要作用，如对输入法的系统评测可以从是否易学、汉字输入平均码长、重码字词键选率、是否容错和是否免费四个方面进行评测。

（1）是否易学

GB/T 19246—2003认为易学性主要指"学会使用汉字编码输入系统的时间应尽量短，并应符合使用汉语作为母语的使用者的思维习惯"。通常初学者会考量一个输入法是否易学，能否尽快上手。

（2）平均码长和重码

GB/T 19246—2003 认为"通用键盘汉字输入系统采用汉语拼音（双拼除外）或以笔画为主的简易编码方式输入现代汉语常见文本时，平均码长应小于3.2键/字。通用键盘汉字输入系统采用汉语双拼、部件编码或以部件为主的编码方式输入现代汉语常见文本时，平均码长应小于2.2键/字"。

编码越短，输入时间越少。但另一方面，编码长度太短，又会增加重码率。重码率越低，越能免去选字的麻烦，输入速度越快。因此好的输入法须取得平衡。

（3）容错

有些输入法可一字多拆，避免一些字型由于主观认知上的差异而拆不出的困扰。有些输入法支持模糊输入，如*、？，如此一来，不会拆字时，便可用模糊的输入方式拆出。汉语拼音里面好多人对zhi、chi、shi和zi、ci、si发音不准，就要能容许用户在发音错误的时候也能将汉字打出来。

（4）是否免费

输入法如果是系统自带的用户最能接受，需要自己另外安装的输入法也可以，但是如果需要付费，那么用户就会少很多。

任务2　中文打字练习

1）打开"金山打字通"，继续练习《少年中国说》。

2）练习"综合练习"下的《古诗》。

3）自我总结：练习结束之后，记录本次练习结果：要特别留意哪些字容易出错，分析一下是指法错误造成的，还是输入码错误造成的。将容易错误的字有意识地加强记忆，就能提高正确率了。

练习时间（min）	速度（个/min）	正确率（%）	错误字

今天的打字速度，是否达到要求的每分钟40～50字呢？

任务3 课后作业

1）继续进行中文打字练习。

2）要求每分钟录入40～50字。

项目3.14 文章输入练习（表格）

项目描述

熟练掌握中文字型的输入方法，提高录入速度。

项目实施要求

练习中文打字，要求每分钟录入40～50个正确的汉字。

项目任务单

1	基础知识学习
2	中文打字练习
3	课后作业

任务1 基础知识学习

知识点：学习制表

下面我们将以WPS为例学习如何在表格中快速输入文字。

在WPS中创建表格有四种方法，分别为自动创建表格、通过插入表格命令创建表格、手工绘制复杂表格和文本转换表格。

1）自动创建表格。在"插入"选项卡下，单击"表格"组中的"表格"按钮，在表格缩略图区域选择5行4列的表格并单击。如图3-14-1所示。

2）通过插入表格命令创建表格。在"插入"选项卡下，单击"表格"组中的"表格"按钮，在展开的下拉列表中选择"输入表格"，在弹出的"插入表格"对话框中输入所建表格的行数、列数并单击"确定"按钮，如图3-14-2和图3-14-3所示。

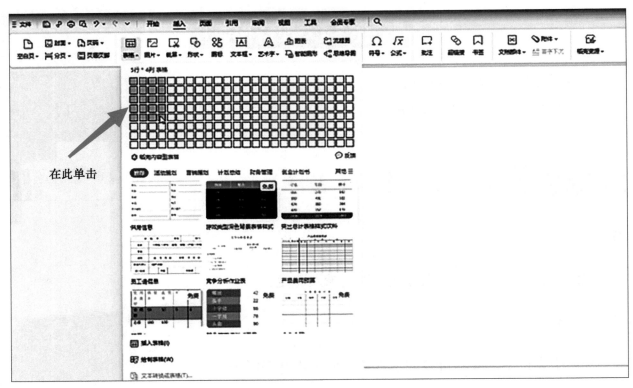

图3-14-1　自动创建表格

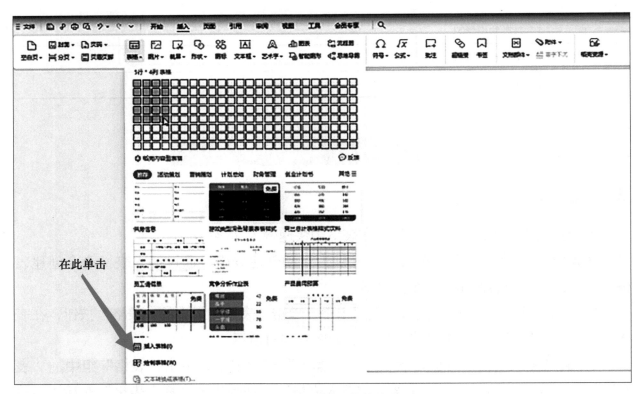

图3-14-2　插入表格命令

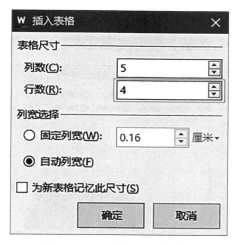

图3-14-3　插入表格参数

3）手工绘制复杂表格。在"插入"选项卡下，选择"表格"组中的"绘制表格"命令，如图3-14-4所示。此时鼠标指针呈铅笔形状，按下鼠标左键并拖动鼠标，即可绘制表格线。手动绘制表格，可以绘制出水平线、垂直线以及斜线；在绘制复杂表格时使用手动绘制，常常是必要的补充方法。

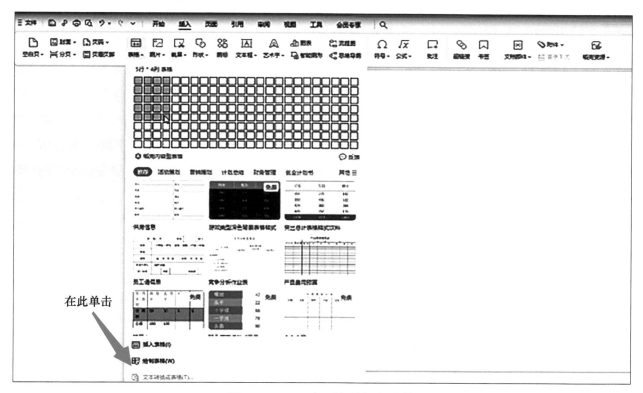

图3-14-4　手工绘制复杂表格

4）文本转换表格。文本转换为表格时，系统会根据文中的分隔符自动识别分隔符类型及表格所需列数，若自动识别有误，可以手动调整。

方法：①选定所有文本，在"插入"选项卡中，单击"表格"组中的"表格"按钮，在展开的下拉列表中选择"将文本转换为表格"命令。

②在"将文字转换成表格"对话框中输入表格列数,在"文本分隔位置"选项中选定"制表符"选项并单击"确定"按钮,便可实现文本到表格的转换,如图3-14-5所示。

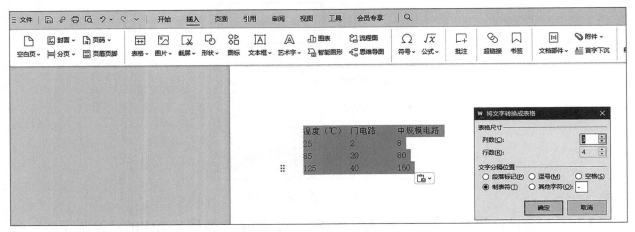

图3-14-5 文字转换成表格参数

任务2 中文打字练习

建立空表格后,可以将光标移到表格的单元格中输入文本。按"Tab"键可将光标移到下一个单元格,按"Shift+Tab"组合键可将光标移到上一个单元格,按上、下箭头可以将光标移到上、下一行。

1)练习制作表格,并在表格中输入文字。

2)请打开WPS,对照"综合练习"文件夹下的"表格"进行练习。注意提高速度。

3)即使不适应表格的练习,依然应多练习,因为在实际工作中,经常会遇到需要制作或输入表格的情况。

任务3 课后作业

1)继续进行表格制作练习。

2)要求每分钟录入40~50字。

项目3.15 中文打字综合测试(三)

项目描述

练习中文打字。

项目实施要求

练习中文打字，反复练习这段时间的文章，然后全班进行打字速度测试。

项目任务单

1	指法练习
2	中文打字综合测试
3	课后作业

任务1　指法练习

打开"金山打字通"，各人根据自己的情况，选择不同的英文打字课程，注意坐姿和指法。

任务2　中文打字综合测试

1）反复练习这段时间的文章，挑自己打得最快的文章进行测试，看自己对熟稿的最快速度可达到多少。

2）评出本班打字高手。

3）过程评价：

速度（字/min）	录入汉字总数（个）	错误字数（个）	正确率（%）

4）将常错汉字记录下来：

常错汉字_____。

正确编码_____。

任务3　课后作业

1）继续进行中文打字练习。

2）要求每分钟录入40～50字。

项目3.16 中文综合输入练习

项目描述

掌握中文字型的输入技巧，提高录入速度。

项目实施要求

练习中文打字，要求每分钟录入50～60个正确的汉字。

项目任务单

1	基础知识学习
2	中文打字练习
3	课后作业

任务1　基础知识学习

拓展知识点　中文输入法的发展

中文输入法的发展，一方面是输入法软件功能的改进和完善，另一方面是新型输入法编码的不断涌现。早期的输入法软件大都为收费软件，很多企业或个人依靠销售输入法软件挣钱，如今收费的输入法软件已经很少，绝大多数输入法软件都是免费的。

现在，输入法变得越来越智能。随着计算机技术的发展，每一个时代都有独属于这个时代的优秀输入法，都是这个时代的智慧结晶。相信将来，特别是随着人工智能的发展，现在流行的输入法也会被更优秀的输入法替代。

目前计算机中文输入法中，比较流行的有搜狗输入法（包括拼音输入法和中文输入法）、讯飞输入法、百度输入法、QQ输入法、谷歌输入法等。后文将以搜狗输入法为例介绍输入技巧，关于其他输入法的技巧，大同小异，不再一一赘述。

任务2　中文打字练习

1）练习"综合练习"下的《境外汇款》。

2）自我总结：练习结束之后，记录本次练习结果，要特别留意哪些字容易出错，分析一下是指法错误造成的，还是输入码错误造成的。对容易错误的字有意识地加强记忆，就能提高正确率了。

练习时间（min）	速度（个/min）	正确率（%）	错误字

任务3 课后作业

1）继续进行中文打字练习。
2）要求每分钟录入50～60字。

项目3.17 文字数字混合输入练习

项目描述

掌握中文字型和数字的输入技巧，提高录入速度。

项目实施要求

练习中文和数字打字，要求每分钟录入50～60个正确的汉字。

项目任务单

1	基础知识学习
2	中文打字练习
3	课后作业

任务1 基础知识学习

知识点：搜狗输入法主要功能

搜狗输入法主要功能如图3-17-1所示。

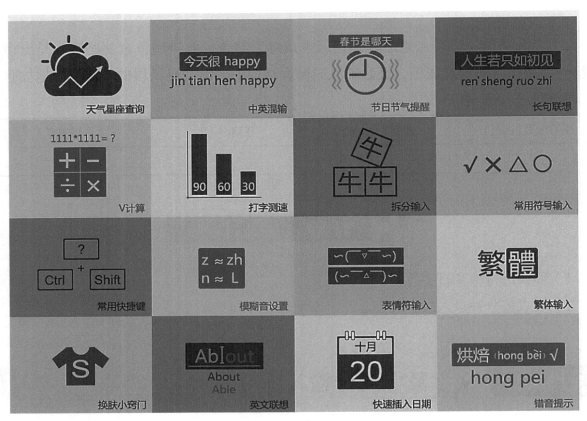

图3-17-1 搜狗输入法主要功能

常用功能介绍如图3-17-2～图3-17-9所示。

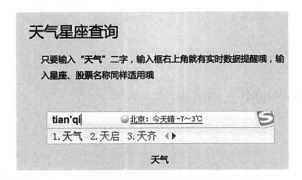

图3-17-2 天气星座查询

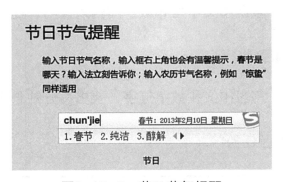

图3-17-3 节日节气提醒

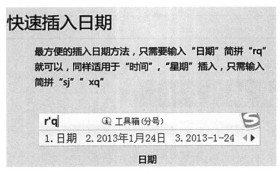

图3-17-4 快速插入日期

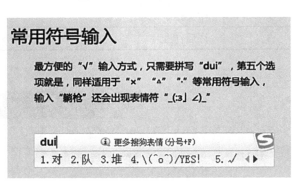

图3-17-5 常用符号输入

图3-17-6 快捷键集结

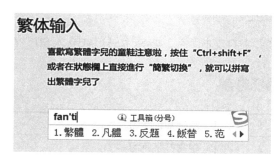

图3-17-7 繁体输入

图3-17-8 中英混输

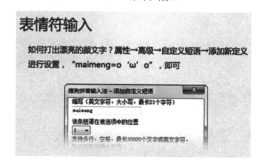

图3-17-9 表情符输入

任务2 中文打字练习

1）打开"金山打字通"，继续练习《境外汇款》。

2）练习"综合练习"下的《F-15战斗机》。

3）自我总结：记录本次练习结果，记录易错字。

练习时间（min）	速度（个/min）	正确率（%）	错误字

是否达到要求的每分钟录入50～60字呢？

任务3 课后作业

1）继续进行中文打字练习。

2）要求每分钟录入50～60字。

项目3.18 混合文本输入练习（一）

项目描述

掌握中文字型的输入技巧，提高录入速度。

项目实施要求

练习中文打字，要求每分钟录入50～60个正确的汉字。

项目任务单

1	基础知识学习
2	中文打字练习
3	课后作业

任务1　基础知识学习

知识点：搜狗常用技巧介绍

1. 遇到不认识的字怎么输入

U模式主要用来输入不会读（不知道拼音）的字。在按下U键后，输入笔画拼音首字母或者组成部分拼音，即可得到想要的字。由于双拼占用了U键，所以双拼下需要按Shift+U组合键进入U模式。

U模式下的具体操作有：

（1）笔画输入

仅通过输入文字构成笔画的拼音首字母来打出想要的字。例如："木"字由横（h）、竖（s）、撇（p）、捺（n）构成，如图3-18-1所示。

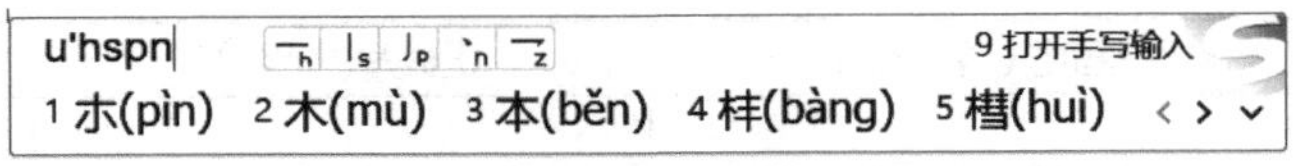

图3-18-1　U模式笔画输入

其中 ⌐₋ |ₛ |ₚ `ₙ ⌐z 为笔画提示区，笔画提示区上方是常见笔画，如「一 丨 丿、一」，右下方为各笔画拼音的首字母。我们可以在此区域通过鼠标单击输入笔画，也可以通过键盘敲入"h""s""p""n""z"键输入笔画。具体笔画以及对应的按键见表3-18-1。

表3-18-1　笔画及对应按键

笔画	按键
横/提	h
竖/竖钩	s
撇	p
点/捺	d或n
折	z

键盘上的1、2、3、4、5也分别对应h、s、p、n、z。

需要注意的是：“忄”的笔顺是点点竖（dds），不是竖点点或点竖点。

（2）拆分输入

将一个汉字拆分成多个组成部分，在U模式下分别输入各部分的拼音即可得到对应的汉字。如“林”字，可拆分为两个独立的“木”字，见图3-18-2。

又如“曙”字，可以拆分成“日”“罒”和“者”，如图3-18-3所示。

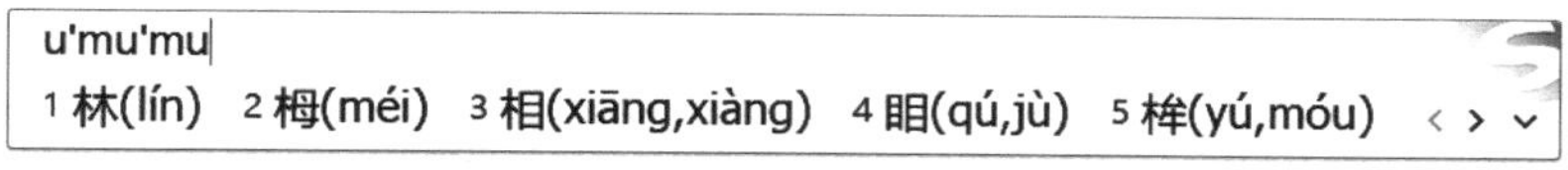

图3-18-2 拆分输入“林”

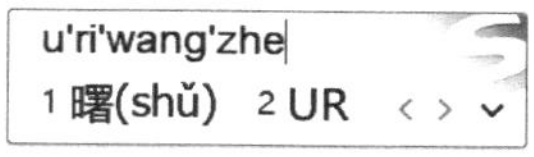

图3-18-3 拆分输入“曙”

也可以做部首拆分输入。如“氻”，可拆分为“氵”和“力”，如图3-18-4所示。

（3）笔画拆分混输

我们还可以进行“笔画+拆分”混合操作。如“羿”，如图3-18-5所示。

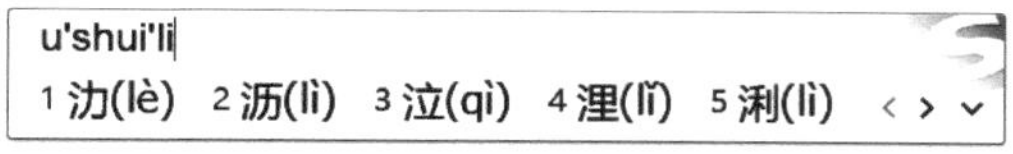

图3-18-4 拆分输入“氻”

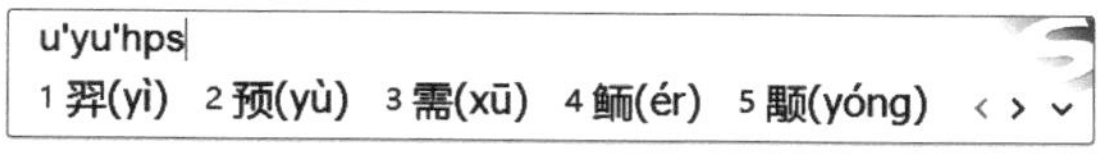

图3-18-5 笔画拆分混输

2. 如何实现数字、日期的转换

V模式是一个转换和计算的功能组合模式。由于双拼占用了V键，所以双拼下需要按Shift+V组合键进入V模式。V模式下具体功能如图3-18-6所示。

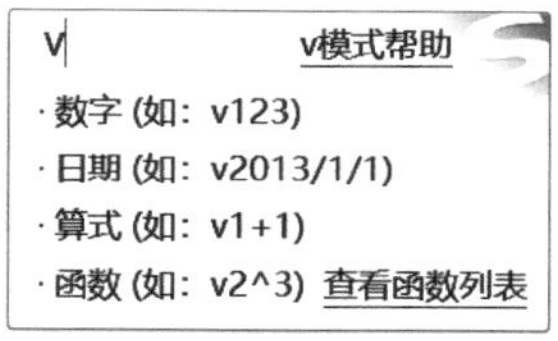

图3-18-6 V模式具体功能

（1）数字转换

输入V+整数数字，如v123，搜狗拼音输入法将把这些数字转换成中文大小写数字，如图3-18-7所示。

输入99以内的整数数字，还可以得到对应的罗马数字，如v45的c选项，如图3-18-8所示。

输入V+小数数字，如v34.56，将得到对应的大小写金额，如图3-18-9所示。

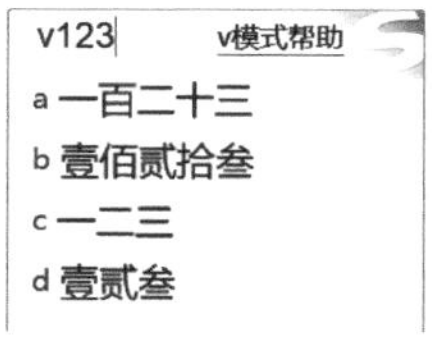

图3-18-7 数字转换（一）

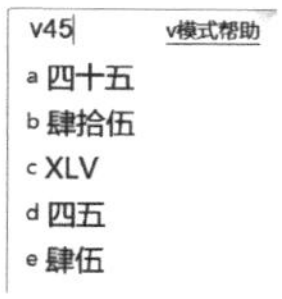

图3-18-8 数字转换（二）

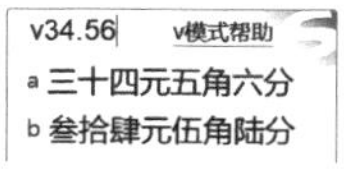

图3-18-9 数字转换（三）

（2）日期转换

输入V+日期，如v2023.1.1，搜狗拼音输入法将把简单的数字日期转换为日期格式，如图3-18-10所示。

当然，也可以进行日期拼音的快捷输入，如图3-18-11所示。

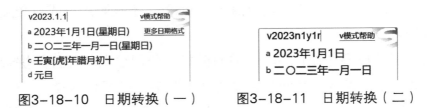

图3-18-10　日期转换（一）　　图3-18-11　日期转换（二）

（3）算式计算

输入V+算式，将得到对应的算式结果以及算式整体候选结果，如图3-18-12所示。

如此一来，遇到简单计算时，我们便可在任何能用搜狗输入法的地方进行计算，而无需打开计算器。

（4）函数计算

除了+、-、×、/运算之外，搜狗拼音输入法还能做一些比较复杂的运算，如图3-18-13所示。

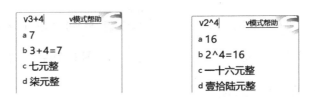

图3-18-12　算式计算　　图3-18-13　复杂运算

目前，搜狗拼音输入法V模式支持的函数运算见图3-18-14。

函数名	缩写	函数名	缩写
加	+	开平方	sqrt
减	-	乘方	^
乘	*	求平均数	avg
除	/	方差	var
取余	mod	标准差	stdev
正弦	sin	阶乘	!
余弦	cos	取最小数	min
正切	tan	取最大数	max
反正弦	arcsin	以e为底的指数	exp
反余弦	arccos	以10为底的对数	log
反正切	arctan	以e为底的对数	ln

如：v3+2

图3-18-14　函数运算

3. 搜狗语音输入介绍

首先要确认计算机中麦克风已经连接并可以正常使用，然后在输入法状态栏中单击麦克风图标，打开输入方式界面，就可以开始语音输入了，如图3-18-15所示。

图3-18-15　语音输入

4. 其他功能

单击输入法图标的"智能输入助手"，就会发现搜狗输入法提供的更多功能，如图3-18-16所示。

图3-18-16　其他功能

任务2　中文打字练习

1）打开"金山打字通"，继续练习《F-15战斗机》。

2）练习"综合练习"下的《环丙沙星》。

3）自我总结：记录本次练习结果，记录易错字：

练习时间（min）	速度（个/min）	正确率（%）	错误字

是否达到要求每分钟录入50～60字呢？

任务3　课后作业

1）继续进行中文打字练习。

2）要求每分钟录入50~60字。

项目3.19　混合文本输入练习（二）

项目描述

掌握中文字型的输入技巧，提高录入速度。

项目实施要求

练习中文打字，要求每分钟录入50~60个正确的汉字。

项目任务单

1	基础知识学习
2	中文打字练习
3	课后作业

任务1　基础知识学习

拓展知识点　计算机输入汉字与手机输入汉字的区别

我们已经说了很多关于用计算机输入汉字的知识，其实我们生活中，除了用计算机输入汉字，用手机输入汉字也是很常见的。那么用手机输入汉字与用计算机输入汉字有哪些不同呢？

首先，手机上可选择26键、9键、手写或笔画输入，而计算机只有26键输入；就26键来说，手机的26键小，打字主要靠两个手指，也有的人一个手指可以完成；但是计算机是十指配合，若只用两个手指打字，速度就会慢很多。因此用手机打字和用计算机打字有很大区别。如果想提高用手机打字的效率，不能照搬用计算机打字的那一套思维。

1．首选字、空格出字、候选字的位置不同

计算机上用空格直接选中首选字是最快最省力的出字方式，而且还能实现盲打。

而用手机打字，空格位置和候选栏的位置相比，距离上并不占优势，有时手指在打字过程中移动到上方键位时，空格反而离得更远，打空格要移动更远的距离，这时候候选栏更近、更好按。同时，候选栏里各个候选字词的位置，也没有孰优孰劣，首选位置由于太靠边，反而不好打。并且首选字词一般都在最左边，对于右手单手打字的人，距离太远、不好按。

2. 是否需要盲打

盲打是提高计算机打字速度的不二法门，但是对于手机就不一样。在手机上打字，就需要时刻盯着键盘，尤其是全键盘；而且用手机打字手指在键盘上移动的速度，要比在计算机键盘上慢很多。但由于用手机打字的时候，眼睛有充分的时间观察到候选栏里是否已经出现了所要的字词，这样再去选择并不会耽误时间。

3. 键盘不同

计算机没有九宫格的键盘。由于键盘接触方式不同，计算机是物理键盘，手机是触摸键盘，导致很多功能不同。如在计算机上不能滑动，不需要单手键盘，没有键盘切换的概念，不用考虑键盘布局，不能上滑，没有长按操作等；同样的，手机键盘也有很多功能被限制，比如U模式、V模式等。

另外，手机可以轻松实现语音录入输入汉字，计算机就没有这么方便；手机可以直接用扫描方式识别汉字，而计算机需要另外安装扫描设备。

总之，计算机和手机输入汉字，由于使用环境的不同，各有特点。

任务2 中文打字练习

1）打开"金山打字通"，继续练习《环丙沙星》。

2）练习"综合练习"下的《惠普PUMA本》。

3）自我总结：记录本次练习结果，记录易错字：

练习时间（min）	速度（个/min）	正确率（%）	错误字

是否达到要求的每分钟录入50～60字呢？

任务3 课后作业

1）继续进行中文打字练习。

2）要求每分钟录入50～60字。

项目3.20 中文打字综合测试（四）

项目描述

练习中文打字。

项目实施要求

练习中文打字，反复练习这段时间的文章，然后全班进行打字速度测试。

项目任务单

1	指法练习
2	中文打字测试
3	课后作业

任务1 指法练习

打开"金山打字通"，各人根据自己的情况，选择不同的中文打字课程，注意坐姿和指法。

任务2 中文打字测试

1）反复练习这段时间的文章，挑自己打得最快的文章进行练习，看自己对熟稿的最快速度可达到多少。

2）评出本班打字高手。

3）过程评价：记录本次测试结果，记录易错字：

练习时间（min）	速度（个/min）	正确率（%）	错误字

是否达到每分钟录入50～60字呢？

任务3 课后作业

1）继续进行中文打字练习。

2）要求每分钟录入50～60字。

项目3.21 生稿打字练习（一）

项目描述

掌握中文字型的输入技巧，提高录入速度。

项目实施要求

练习中文打字，对生稿的打字速度，要求达到每分钟录入50～60个正确的汉字。

项目任务单

1	基础知识学习
2	中文打字练习
3	课后作业

任务1 基础知识学习

拓展知识点 挑选适合老年人使用的输入法（一）

我国老龄人口数量快速增长，不少老年人不会上网、不会使用智能手机，在出行、就医、消费等日常生活中遇到不便，无法充分享受智能化服务带来的便利，老年人面临的"数字鸿沟"问题日益凸显，文字输入就是其中困难之一。

2020年11月24日国务院办公厅发布《关于切实解决老年人运用智能技术困难的实施方案》的通知，通知提出，将加强老年人运用智能技术能力列为老年教育的重点内容，通过体验学习、尝试应用、经验交流、互助帮扶等，引导老年人了解新事物、体验新科技，积极融入智慧社会。

挑选老年人使用的输入法，要根据老年人的具体情况而定，合适的才是最好的。

若老年人拼音基础好，则使用拼音输入法，使用方法前面已经讲过了。若拼音基础不好，但普通话标准，宜使用语音转换文字。

目前流行的输入法，例如搜狗输入法、讯飞输入法、百度输入法、QQ输入法等都有语音输入功能。

在手机端微信应用中，以搜狗输入法为例，如何切换到语音输入状态呢？如图3-21-1所示，可按住空格键不放，或者如图3-21-2所示单击语音输入按钮，进入语音输入状态；可上滑切换到翻译、选方言、语种，如图3-21-3所示，选择普通话、粤语、英语等，如图3-21-4所示，这样就能进入语音输入状态。

图3-21-1 按空格进行语音输入　　　图3-21-2 语音输入按钮输入

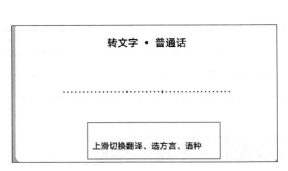

图3-21-3 切换翻译、选方言、语种　　图3-21-4 选择语言种类

笔记本计算机上一般都有自带的麦克风，台式计算机上要插入麦克风，在计算机端，以搜狗输入法为例，只要单击如图3-21-5所示的麦克风图标，就可以进入语音输入，如图3-21-6所示。

图3-21-5 麦克风图标　　　图3-21-6 语音输入

语音输入法的优点是速度快，在普通话标准的前提下，几乎可以达到跟语速同步；但是现在有不少输入法也支持方言输入，例如讯飞输入法，它具备与众不同的方言语音鉴别能力，能够辨别出四川话、东北话、山东话等高达15种方言，精确性达到百分之九十多。

输入法中除了有语音转换文字功能，还有语音转换文字的软件，如讯飞语记，它随时随地都可以对语音事项进行记录，实时语音的操作更是方便快捷，还采用了智能的拍照识别技术对内容进行识别，对于录音和音频的内容还可以非常快速地转换成文字。

讯飞听见录音转文字的功能能够满足大家对录音和文字之间相互转换的需求，对于上课授课和会议记录是非常方便的。它可以转换13种语言，能够高效精准地翻译这些语言。录音专家不仅是一个简单的录音软件，它可以满足大家不同生活场景下的录音需求，记者也可以使用这个软件写稿子，一键录音转文字的功能可以让使用者比他人更快一步，轻松完成会议内容的记录。录音大师是能够把大家的录音内容或者音频内容直接转换成文字的专业的录音软件，对于会议内容记录和记者等专业的人来说这个软件能够为他们提供非常多的便利条件，轻松完成任务，节省时间，还方便快捷。语音转文字支持实时录音、实时转换，甚至边说边写都是可以的，适用于各种演讲和会议记录等，可以把各种语音、音频、视频内容全都转换成文字形式，还可以复制到其他的平台并与他人分享。

任务2 中文打字练习

1）练习"综合练习"下没有练习过的文章，测试一下，对生稿的打字速度是多少。

2）自我总结：记录本次练习结果，记录易错字：

练习时间（min）	速度（个/min）	正确率（%）	错误字

容易打错的字，现在还会继续错吗？

任务3 课后作业

1）继续进行中文打字练习。

2）要求每分钟录入50～60字。

项目3.22 生稿打字练习（二）

项目描述

练习中文打字。

项目实施要求

练习中文打字，对生稿的打字速度，要求达到每分钟录入50～60个正确的汉字。

项目任务单

1	基础知识学习
2	中文打字练习
3	课后作业

任务1　基础知识学习

拓展知识点　挑选适合老年人使用的输入法（二）

　　如果老年人拼音基础不好，可以用手写输入汉字。目前，手机的输入法中都可以设置手写输入状态。

　　还是在微信应用下，以拼音输入法为例，如何切换到手写输入状态呢？单击图3-22-1中所示图标，进入如图3-22-2所示界面，选择"手写"就能进入手写输入状态。

图3-22-1　单击图标

图3-22-2　手写选择

　　笔记本计算机上，还可以有其他手写输入法。以搜狗输入法为例，右击搜狗输入法，选择搜狗工具箱，找到手写输入，安装好以后就可以用鼠标写字。还有的笔记本计算机自带的触摸屏具有手写功能，可直接使用。

　　最方便的是给计算机（台式机或笔记本）配置手写笔和手写板，可以方便实现手写输入。例如汉王手写板，是一款比较成熟的汉字手写输入设备。汉王手写板核心识别技术的手写识别率为99.73%，能够识别连笔、行草，具有超常规模的大字库等，简单易用、方便快捷，能从英文整词识别升级为整句识别，可以识别整串连笔数字串，实现整句输入时任意后补笔，在中、英文输入状态下实现文字、符号、数字混合识别，识别连续输入时两字之间距离限制等多项功能。

任务2　中文打字练习

1）练习"综合练习"下其他没有练习过的文章，测试一下，对生稿的打字速度是多少。

2）自我总结：记录本次练习结果，记录易错字：

练习时间（min）	速度（个/min）	正确率（%）	错误字

是否达到每分钟录入50～60字呢？

任务3　课后作业

1）继续进行中文打字练习。

2）要求每分钟录入50～60字。

项目3.23　英文听打练习

项目描述

掌握英文的输入技巧，提高录入速度。

项目实施要求

练习英文打字，要求每分钟录入50～60个正确的单词。

项目任务单

1	技能学习
2	指法热身练习
3	英文听打练习
3	课后作业

任务1　技能学习

知识点：技能要点

听打录入方式包括：

1）重点记录。就是把讲话中的重要或主要部分记录下来。采用这种记录方式大都是因为讲话内容没有详细记录的必要；或者是由于讲话人的口才欠佳；又或者因为方言难懂，无法进行详细记录，只能记其重点。

2）详细记录。比重点记录要详细，但又不同于全面记录。它可以把一些无关紧要的或重复的词语、句子略去，把讲话内容详细记录下来。

3）全面记录。就是把讲话内容基本上原封不动地记录下来。但是，由于口语和书面语有差异，听打速录稿比较原来的讲话，在语法和用词上，可能会有细微的差别，这取决于客观要求或速录员的文化水平。假若主持人要求你全面记录，无论讲话内容有无差误，都一字不漏地记录下来，那就按照主持人的意见尽量全部记录，努力做到一字不漏。如果主持人要求你全面记录，记下以后，马上打印出来，那就要在语句通顺上下功夫。

任务2　指法热身练习

打开"金山打字通"，各人根据自己的情况，选择不同的英文打字课程，注意坐姿和指法。

任务3　英文听打练习

1）打开"金山打字通"，选择"速度测试"——"同声录入"——"课程选择"——"英文文章"。

2）练习结束之后，返回登录窗口，打开个人管理账户，及时查看练习过程中"综合信息""常错键位"等相关内容。

任务4　课后作业

1）继续进行英文打字练习。

2）要求每分钟录入50～60个单词。

项目3.24　中文听打练习

项目描述

掌握中文的输入技巧，提高录入速度。

项目实施要求

练习中文打字，要求每分钟录入50～60个正确的汉字。

项目任务单

1	基础知识学习
2	指法热身练习
3	英文听打练习
4	课后作业

任务1　基础知识学习

知识点：文字录入技能鉴定规定

对于中职、职业高中的计算机专业的学生来说，文字输入是一门基本功，也可以说是看家的技能之一。对于这项技能应该满足以下要求：

1）理解汉字录入方法的一般理论，包括音码、形码、音形码的基本概念，国标字库的情况，内码、外码、编码的三要素，汉字输入方法的基本原理等。

2）熟练掌握汉字的输入技术。具体要求为初级水平录入速度要达到每分钟不少于60个正确的汉字、错误率不高于千分之四，或每分钟输入英文字符不少于180个、错误率不少于千分之二；中级水平录入速度要达到每分钟录入不少于90个正确的汉字、错误率不高于千分之三，或每分钟输入英文字符不少于220个、错误率不高于千分之一；高级水平录入速度要达到每分钟不少于140个正确的汉字、错误率不高于千分之三，或每分钟输入英文字符不少于280个、错误率不高于千分之一。对于初学的同学来说，要达到这个标准还是要花一些力气的。

除此之外，还有许多计算机的基础知识以及操作技能方面的要求（比如排版等），要想达到较好的录入质量，同学们还应该尽可能多地掌握相关的知识，提高文字方面的基本素养，关于这些这里就不一一介绍了。

任务2　指法热身练习

打开"金山打字通"，各人根据自己的情况，选择不同的英文打字课程，注意坐姿和指法。

任务3 英文听打练习

1）打开"金山打字通"，选择"速度测试"——"同声录入"——"课程选择"——"中文文章"。

2）练习结束之后，返回登录窗口，打开个人管理账户，及时查看练习过程中"综合信息""常错键位"等相关内容。

任务4 课后作业

1）继续进行中文打字练习。

2）要求每分钟录入50～60字。

项目3.25 打字综合测试

项目描述

练习打字。

项目实施要求

练习打字，反复练习这段时间的文章，然后全班进行打字速度测试。

项目任务单

1	英文打字测试
2	中文打字测试

任务1 英文打字测试

打开"金山打字通"，各人根据自己的情况，选择不同的英文打字课程，注意坐姿和指法。

任务2 中文打字测试

1）反复练习这段时间的文章，挑自己打得最快的文章进行测试，看自己对熟稿的最快速度可达到多少。

2）评出本班打字高手。

◈ 模块 4

常用汉字五笔字型编码速查表

五笔编码查询86版（拼音顺序）

A

音	字	码	字	码	字	码	字	码	字	码	字	码
a	啊	kb	阿	bs	吖	kuh	腌	edjn	锕	qbs		
ai	挨	rct	哎	kaq	唉	kct	哀	yeu	埃	fct		
	皑	rmnn	癌	ukk	蔼	ayj	矮	tdtv	艾	aqu		
	碍	djg	爱	ep	隘	buw	捱	rdff	嗳	kep		
	嫒	vepc	瑷	gepc	暧	jep	霭	fyjn	锿	qyey		
an	氨	rnp	鞍	afp	安	pv	俺	wdjn	按	rpv		
	暗	ju	岸	mdfj	胺	epv	案	pvs	谙	yuj		
	埯	fdjn	揞	rujg	犴	qtfh	庵	ydjn	桉	spv		
	铵	qpv	鹌	djng	黯	lfoj						
ang	肮	eym	昂	jqb	盎	mdl						
ao	凹	mmgd	敖	gqty	熬	gqto	翱	rdfn	袄	putd		
	傲	wgqt	奥	tmo	懊	ntm	澳	itm	坳	fxl		
	拗	rxl	嗷	kgqt	吞	tdm	廒	ygq	遨	gqtp		
	媪	vjl	鳌	gqtg	鏊	gqtc	葵	gqtd	聱	gqtb		
	鳌	gqtj	鳌	gqtq	鏖	ynjq						

B

音	字	码	字	码	字	码	字	码	字	码	字	码
ba	芭	ac	捌	rklj	扒	rwy	叭	kwy	吧	kc		
	笆	tcb	八	wty	疤	ucv	巴	cnhn	拔	rdc		
	跋	khdc	靶	afc	把	rcn	耙	dic	坝	fmy		
	霸	faf	罢	lfc	爸	wqc	芨	adc	菝	ard		
	岜	mcb	灞	ifa	钯	qcn	粑	ocn				
bai	白	rrrr	柏	srg	百	dj	摆	rlf	佰	wdj		
	败	mty	拜	rdfh	稗	trtf	捭	rrtf	掰	rwvr		
ban	斑	gyg	班	gytg	搬	rte	扳	rrc	般	temc		
	颁	wvd	板	src	版	thgc	扮	rwv	拌	rufh		
	伴	wuf	瓣	ur	半	uf	办	lw	绊	xuf		
	阪	brcy	坂	frc	饭	qrc	癍	utec	舨	terc		
bang	邦	dtb	帮	dt	梆	sdt	榜	sup	膀	eup		
	绑	xdt	棒	sdw	磅	dup	蚌	jdh	镑	qup		
	傍	wup	谤	yup	蒡	aupy	浜	irgw				
bao	胞	eqn	包	qn	褒	ywk	剥	vijh	苞	aqn		
	薄	aigf	雹	fqn	保	wks	堡	wksf	饱	qnqn		
	宝	pgy	抱	rqn	报	rb	暴	jaw	豹	eeqy		

（续）

音	字	码	字	码	字	码	字	码	字	码
bao	鲍	qgq	爆	oja	葆	awks	孢	bqn	煲	wkso
	鸨	xfq	褓	puws	趵	khqy	鲍	hwbn		
bei	杯	sgi	碑	drt	悲	djdn	卑	rtfj	北	ux
	辈	djdl	背	uxe	贝	mhny	钡	qmy	倍	wuk
	狈	qtmy	备	tlf	惫	tln	焙	ouk	被	puhc
	邶	uxb	埤	frt	萆	art	蓓	awuk	呗	kmy
	悖	nfpb	碚	duk	鹎	rtfg	褙	puue	鋷	nkuq
ben	奔	dfa	苯	asg	本	sg	笨	tsg	畚	cdl
	坌	wvff	贲	fam	锛	qdf				
beng	崩	mee	绷	xee	甮	gie	泵	diu	蹦	khme
	迸	uap	嘣	kmee						
bi	陛	bxxf	匕	xtn	俾	wrt	荜	axxf	薛	anku
	吡	kxx	哔	kxxf	狴	qtxf	庳	yrt	愎	ntjt
	滗	itt	濞	ithj	弻	xdjx	妣	vxx	婢	vrt
	壁	nkuf	畀	lgj	铋	qntt	秕	txx	裨	pur
	髀	merf	逼	gklp	鼻	thl	比	xx	鄙	kfl
	笔	tt	彼	thc	碧	grd	莀	atlx	蔽	aum
	毕	xxf	毙	xxgx	币	tmh	庇	yxx	痹	ulgj
	闭	uft	敝	umi	必	nt	辟	nku	壁	nkuf
	弊	umia	臂	nkue	避	nkup				
bian	褊	puya	蝙	jyna	笾	tlp	鳊	qgya	鞭	afwq
	边	lp	编	xyna	贬	mtp	扁	ynma	便	wgjq
	变	yoc	卞	yhu	辨	uytu	辩	uyu	辫	uxu
	遍	ynm	匾	ayna	弁	caj	汴	iyh	飑	mqoo
	煸	oyna	砭	dtp	碥	dyna	窆	pwtp		
biao	标	sfi	彪	hame	膘	esfi	表	ge	婊	vgey
	骠	csf	飑	mqqn	镖	qsf	裱	puge	鳔	qgs
bie	鳖	umig	憋	umin	别	klj	瘪	uthx	鳖	umih
bin	彬	sse	斌	yga	瀕	ihim	滨	ipr	宾	pr
	摈	rpr	缤	xpr	槟	spr	殡	gqp	膑	epr
	镔	qpr	髌	mepw	鬓	depw				
bing	兵	rgw	冰	ui	柄	sgm	丙	gmw	秉	tgv
	饼	qnu	炳	ogm	病	ugm	并	ua	禀	ylki
	摒	rnua	邴	gmwb						
bo	悖	qnfb	檗	nkus	擘	nkur	礴	dai	钹	qdcy
	鹁	fpbg	簸	tadc	跛	khhc	踣	khuk	剥	vijh
	玻	ghc	菠	aih	播	rtol	拨	rnt	钵	qsg
	波	ihc	博	fge	勃	fpb	搏	rgef	铂	qrg
	箔	tir	伯	wr	帛	rmh	舶	ter	脖	efp
	膊	egef	渤	ifp	泊	ir	驳	cqq	孛	fpbf
	亳	ypt	啵	kihc						
bu	捕	rge	卜	hhy	哺	kge	补	puh	埠	fwn
	不	i	布	dmh	步	hi	簿	tig	部	ukb
	怖	ndm	卟	khy	逋	gehp	晡	jgey	钚	qgiy
	饰	qdmh	醭	sgoy						

C

音	字	码	字	码	字	码	字	码	字	码
ca	擦	rpwi	嚓	kpwi	礤	daw				
cai	猜	qtge	裁	fay	材	sft	才	ft	财	mft
	睬	hes	踩	khes	采	es	彩	ese	菜	aes
	蔡	awfi								
can	餐	hq	参	cd	蚕	gdj	残	gqg	惭	nlr
	惨	ncd	灿	om	骖	ccd	璨	ghq	黪	lfoe
cang	苍	awb	舱	tew	仓	wbb	沧	iwb	藏	adnt
cao	操	rkk	糙	otf	槽	sgmj	草	ajj	嘈	kgmj
	漕	igmj	螬	jgmj	艚	tegj				
ce	厕	dmjk	策	tgm	侧	wmj	册	mmgd	测	imj
	恻	nmj								
cen	岑	mwyn	涔	imw						
ceng	层	nfc	蹭	khuj	噌	kul				
cha	插	rtfv	叉	cyi	苴	adhf	茶	aws	查	sj
	碴	dsj	搽	raws	察	pwfi	岔	wvmj	差	uda
	诧	ypta	猹	qts	汊	icyy	楂	suda	檫	spwi
	锸	qtfv	镲	qpwi	衩	puc				
chai	拆	rry	柴	hxs	豺	eef	侪	wyj	钗	qcy
chan	搀	rqku	掺	rcd	蝉	jujf	馋	qnqu	谗	yqk
	缠	xyj	铲	qut	产	u	阐	uuj	颤	ylkm
	辗	ujfe	谄	yqvg	忏	ntfh	潺	inbb	澶	iylg
	婵	vujf	骣	cnb	觇	hkm	禅	pyuf	蟾	jqd
chang	昌	jj	猖	qtjj	场	fnrt	尝	ipf	常	ipkh
	长	ta	偿	wi	肠	enr	厂	dgt	敞	imkt
	唱	kjj	倡	wjjg	伥	wta	苌	ata	菖	ajjf
	徜	tim	怅	nta	阊	ujjd	娼	vjj	嫦	viph
	昶	ynij	氅	imkn	鲳	qgjj				
chao	钞	qit	朝	fje	嘲	kfje	潮	ifje	巢	vjs
	超	fhv	抄	rit	吵	kit	绰	xhj	怊	nvk
	晁	jiqb	焯	ohj	秒	diit				
che	车	lg	扯	rhg	撤	ryc	掣	rmhr	彻	tavn
	澈	iyct	坼	fry	砗	dlh				
chen	郴	ssb	臣	ahn	辰	dfe	尘	iff	晨	jd
	忱	np	沉	ipm	陈	ba	趁	shwe	衬	puf
	谌	yadn	抻	rjh	嗔	kfhw	宸	pdfe	琛	gpw
	榇	sus	碜	dcd	龀	hwbx				
cheng	撑	rip	称	tq	城	fd	橙	swgu	成	dn
	蛏	jcfg	酲	sgkg	呈	kg	乘	tux	程	tkgg
	惩	tghn	澄	iwgu	诚	ydn	承	bd	逞	kgp
	骋	cmg	秤	tgu	丞	big	埕	fkg	枨	sta
	柽	scfg	塍	eudf	瞠	hip	铖	qdn	裎	pukg

（续）

音	字	码	字	码	字	码	字	码	字	码
chi	饬	qntl	忮	nfcy	敕	gkit	眵	hqq	鸱	qayg
	蚩	bhgj	蛏	jgc	螭	jybc	笞	tck	豉	gkuc
	踟	khtk	魑	rqcc	吃	ktn	痴	utdk	持	rf
	匙	jghx	池	ib	迟	nyp	弛	xb	驰	cbn
	耻	bh	齿	hwb	侈	wqq	尺	nyi	赤	fo
	翅	fcn	斥	ryi	炽	okw	傺	wwfi	茌	awff
	叱	kxn	哧	kfo	啻	upmk	嗤	kbhj		
chong	虫	jhny	充	yc	冲	ukh	崇	mpf	宠	pdx
	茺	ayc	忡	nkh	憧	nujf	铳	qyc	舂	dwv
	艟	teuf								
chou	抽	rm	酬	sgyh	畴	ldt	踌	khdf	稠	tmfk
	愁	tonu	筹	tdtf	仇	wvn	绸	xmfk	瞅	hto
	丑	nfd	臭	thdu	俦	wdtf	惆	nmfk	瘳	unwe
chu	褚	pufj	蜍	jwt	蹰	khdf	黜	lfom	初	puv
	出	bm	橱	sdgf	厨	dgkf	躇	khaj	锄	qegl
	雏	qvw	滁	ibw	除	bwt	楚	ssn	础	dbm
	储	wyfj	蠹	fhfh	搐	ryxl	触	qejy	处	th
	亍	fhk	刍	qvf	怵	nsy	憷	nss	绌	xbm
	杵	stfh	楮	sftj						
chuai	揣	rmd	膪	eupk	踹	khmj				
chuan	川	kthh	穿	pwat	椽	sxe	传	wfny	船	temk
	喘	kmd	串	kkh	舛	qah	遄	mdm	氚	rnkj
	钏	qkh	舡	tea						
chuang	疮	uwb	窗	pwt	幢	mhuf	床	ysi	闯	ucd
	创	wbj	怆	nwb						
chui	吹	kqw	炊	oqw	捶	rtgf	锤	qtgf	垂	tgaf
	陲	btgf	棰	stgf	槌	swn				
chun	春	dw	椿	sdwj	醇	sgyb	唇	dfek	淳	iyb
	纯	xgb	蠢	dwjj	莼	axg	鹑	ybq	蝽	jdwj
chuo	戳	nwya	绰	xhj	啜	kccc	辍	lccc	踔	khhj
	娖	hwbh								
ci	疵	uhx	茨	auqw	磁	duxx	雌	hxw	辞	tduh
	慈	uxxn	瓷	uqwn	词	yngk	此	hx	刺	gmij
	赐	mjq	次	uqw	佌	ahx	祠	pynk	鹚	uxxg
	糍	ouxx								
cong	聪	bukn	葱	aqrn	囱	tlqi	匆	qry	从	ww
	丛	wwg	苁	awwu	淙	ipfi	璁	ctl	琮	gpfi
	璁	gtl	枞	sww						
cou	凑	udw	楱	sdwd	辏	ldwd	腠	edwd		
cu	粗	oe	醋	sga	簇	tyt	促	wkh	蔟	ayt
	徂	tegg	猝	qtyf	俎	gqe	蹙	dhih	蹴	khyn
cuan	蹿	khph	篡	thdc	窜	pwkh	汆	tyiu	撺	rpwh

（续）

音	字	码	字	码	字	码	字	码	字	码
cui	摧	rmw	崔	mwy	催	wmw	脆	eqd	瘁	uyw
	粹	oyw	淬	iywf	翠	nywf	萃	aywf	啐	kywf
	悴	nywf	璀	gmwy	榱	syk	毳	tfnn		
cun	村	sf	存	dhb	寸	fghy	忖	nfy		
cuo	磋	dud	撮	rjb	搓	rud	措	raj	挫	rwwf
	错	qaj	厝	daj	嵯	mud	脞	eww	锉	qww
	矬	tdw	痤	uww	礤	hlqa	蹉	khua		

D

音	字	码	字	码	字	码	字	码	字	码
da	搭	rawk	瘩	uawk	打	rs	大	dd	套	dbf
	哒	kdp	怛	njg	妲	vjg	褡	puak	笪	tjgf
	靼	afjg	鞑	afdp						
dai	呆	ks	歹	gqi	傣	wdw	戴	falw	带	gkp
	殆	gqc	代	wa	贷	wam	袋	waye	逮	vip
	怠	ckn	埭	fvi	甙	aafd	岱	wamj	迨	ckp
	骀	cck	给	xw	玳	gwa	黛	wal		
dan	耽	bpq	担	rjg	丹	myd	单	ujfj	掸	rujf
	胆	ejg	旦	jgf	氮	rnoo	但	wjg	惮	nuj
	淡	io	诞	ythp	弹	xuj	蛋	nhj	儋	wqd
	萏	aqvf	啖	koo	澹	iqdy	殚	gqu	赕	moo
	眈	hpq	疸	ujg	瘅	uujf	聃	bmfg	箪	tujf
dang	当	iv	挡	riv	党	ipk	荡	ain	档	siv
	谠	yip	凼	ibk	菪	apd	砀	dnr	铛	qiv
	裆	puiv								
dao	刀	vn	捣	rqym	蹈	khev	倒	wgc	岛	qynm
	祷	pyd	导	nf	到	gc	稻	tev	悼	nhjh
	道	uthp	盗	uqwl	叨	kvn	帱	mhd	忉	nvn
	氘	rnj								
de	德	tfl	得	tj	的	r	锝	qjgf		
deng	蹬	khwu	灯	os	登	wgku	等	tffu	瞪	hwg
	凳	wgkm	邓	cb	噔	kwgu	嶝	mwgu	戥	jtga
	磴	dwgu	镫	qwgu	簦	twgu				
di	邸	qayb	坻	fqa	荻	aqto	嘀	kum	娣	vux
	柢	sqa	棣	svi	砥	dqay	碲	duph	睇	hux
	镝	qum	羝	udq	骶	meqy	堤	fjgh	低	wqa
	滴	ium	迪	mp	敌	tdt	笛	tmf	狄	qtoy
	涤	its	翟	nwyf	嫡	vum	抵	rqa	底	yqa
	地	f	蒂	aup	第	tx	帝	up	弟	uxh
	递	uxhp	缔	xup	氐	qay	籴	tyo	诋	yqay
	谛	yuph								
dia	嗲	kwq								

（续）

音	字	码	字	码	字	码	字	码	字	码
dian	颠	fhwm	掂	ryh	滇	ifhw	碘	dma	点	hko
	典	maw	靛	gep	垫	rvyf	电	jn	佃	wl
	甸	ql	店	yhk	恬	nyh	奠	usgd	淀	ipgh
	殿	naw	阽	bhkg	坫	fhkg	巅	mfh	玷	ghk
	钿	qlg	癜	una	癫	ufhm	踮	khyk	貂	eev
diao	碉	dmf	叼	kng	雕	mfky	凋	umfk	刁	ngd
	掉	rhj	吊	kmh	钓	qqyy	调	ymfk	铞	qkmh
die	跌	khr	爹	wqqq	碟	dan	蝶	jan	迭	rwp
	谍	yan	叠	cccg	垤	fgc	堞	fan	揲	rans
die	喋	kans	牒	thgs	褋	rcyw	蹀	khas	鲽	qga
ding	丁	sgh	盯	hs	叮	ksh	钉	qs	顶	sdm
	鼎	hndn	锭	qp	定	pg	订	ys	仃	wsh
	啶	kpgh	腚	epg	碇	dpgh	町	lsh	疔	usk
	玎	gsh	耵	bsh	酊	sgs				
diu	丢	tfc	铥	qtfc						
dong	东	ai	冬	tuu	董	atg	懂	nat	动	fcl
	栋	sai	侗	wmgk	恫	nmgk	冻	uai	洞	imgk
	垌	fmgk	咚	ktuy	崬	mai	峒	mmgk	氡	rntu
	胨	eai	胴	emgk	硐	dmgk	鸫	aiq		
dou	兜	qrnq	抖	rufh	斗	ufk	陡	bfh	豆	gku
	逗	gkup	都	ftjb	蔸	aqrq	钭	quf	窦	pwfd
	蚪	jufh	篼	tqrq						
du	都	ftjb	督	hich	毒	gxgu	犊	trfd	独	qtj
	读	yfn	堵	fft	赌	mftj	杜	sfg	镀	qya
	肚	efg	度	ya	渡	iya	妒	vynt	芏	aff
	嘟	kftb	渎	ifnd	椟	sfnd	牍	thgd	笃	tcf
	髑	mel	黩	lfod						
duan	端	umd	短	tdg	锻	qwd	段	wdm	缎	xwd
	椴	swd	煅	owd	簖	tonr				
dui	堆	fwy	兑	ukqb	队	bw	对	cf	怼	cfn
	憝	ybtn	碓	dwyg						
dun	墩	fyb	吨	kgb	蹲	khuf	敦	ybt	顿	gbnm
	囤	lgb	钝	qgbn	盾	rfh	遁	rfhp	沌	igb
	炖	ogbn	砘	dgb	盹	hgb	镦	qyb	趸	dnkh
duo	掇	rccc	哆	kqq	多	qq	夺	df	垛	fms
	躲	tmds	朵	ms	踱	khm	舵	tepx	剁	msj
	惰	nda	堕	bdef	咄	kbm	哚	kms	沲	itb
	缍	xtgf	铎	qcfh	裰	pucc	跺	khyc		

E

音	字	码	字	码	字	码	字	码	字	码
e	轭	ldb	腭	ekk	锇	qtrt	锷	qkkn	鹗	kkfg
	颚	kkfm	鳄	qgkn	蛾	jtr	鹅	trng	俄	wtr
	额	ptkm	讹	ywxn	娥	vtr	恶	gogn	厄	dbv
	扼	rdb	遏	jqwp	鄂	kkfb	饿	qnt	噩	gkkk
	谔	ykkn	垩	gogf	苊	adb	袤	atr	萼	akkn
	呃	kdb	愕	nkk	屙	nbs	婀	vbs		
ei	诶	yct								
en	恩	ldn	蒽	aldn	嗯	kldn				
er	耳	bgh	尔	qiu	饵	qnbg	洱	ibg	二	fg
	贰	afm	佴	wbg	迩	qip	珥	gbg	铒	qbg
	鸸	dmjg	鲕	qgdj	而	dmj	儿	qt		

F

音	字	码	字	码	字	码	字	码	字	码
fa	发	v	罚	ly	筏	twa	伐	wat	乏	tpi
	阀	uwa	法	if	珐	gfc	垡	waff	砝	dfcy
fan	藩	aitl	帆	mhm	番	tol	翻	toln	樊	sqqd
	矾	dmy	钒	qmyy	繁	txgi	凡	my	烦	odm
	反	rc	返	rcp	范	aib	贩	mr	犯	qtb
	饭	qnr	泛	itp	蕃	ato	繁	atxi	幡	mhtl
	梵	ssm	燔	oto	畈	lrc	蹯	khtl		
fang	坊	fyn	芳	ay	方	yy	肪	eyn	房	yny
	防	by	妨	vy	仿	wyn	访	yyn	纺	xy
	放	yt	邡	ybh	彷	tyn	枋	syn	钫	qyn
	舫	teyn	鲂	qgyn						
fei	痱	udjd	蜚	djdj	篚	tadd	翡	djdn	霏	fdjd
	鲱	qgdd	菲	adjd	非	djd	飞	nui	肥	ec
	匪	adjd	诽	ydjd	吠	kdy	肺	egm	废	ynty
	沸	ixj	费	xjm	芾	agm	狒	qtx	悱	ndjd
	淝	iec	妃	vnn	绯	xdjd	榧	sadd	腓	edjd
	斐	djdy	扉	yndd	镄	qxj				
fen	吩	kwv	氛	rnw	分	wv	纷	xwv	坟	fy
	芬	awv	酚	sgwv	焚	sso	汾	iwv	粉	owv
	奋	dlf	份	wwv	忿	wvnu	愤	nfa	粪	oawu
	偾	wfa	濆	iolw	玢	gwv	棼	sswv	鲼	qgfm
	豮	vnuv								
feng	丰	dh	封	fffy	枫	smq	蜂	jtdh	峰	mtdh
	锋	qtdh	风	mq	疯	umq	烽	otdh	砜	dmqy
	冯	uc	缝	xtdp	讽	ymq	奉	dwf	凤	mc
	俸	wdwh	酆	dhdb	葑	afff	唪	kdw	沣	idh
fo	佛	wxj								
fou	否	gik	缶	rmk						

（续）

音	字	码	字	码	字	码	字	码	字	码
fu	眔	lgi	稃	tebg	馥	tjtt	蚨	jfw	蜉	jeb
	蝠	jgkl	蝮	jtjt	麸	gqfw	趺	khf	跗	khwf
	鳆	qgtt	佛	wxj	夫	fw	敷	geht	肤	efw
	孵	qytb	扶	rfw	拂	rxjh	辐	lgkl	氟	rnx
	符	twf	伏	wdy	俘	web	服	eb	浮	ieb
	涪	iuk	福	pygl	祓	puwd	弗	xjk	甫	geh
	抚	rfq	辅	lgey	俯	wywf	釜	wqfu	斧	wqr
	脯	ege	腑	eywf	腐	ywfw	赴	fhh	副	gklj
	覆	stt	赋	mga	复	tjt	傅	wge	付	wfy
	阜	wnnf	父	wqu	腹	etjt	负	qm	富	pgk
	讣	yhy	附	bwf	妇	vv	缚	xge	咐	kwf
	匐	qgk	凫	qynm	郛	ebb	芙	afwu	苻	awfu
	茯	awd	荸	aebf	菔	aebc	拊	rwf	呋	kfw
	幞	mho	怫	nxj	滏	iwq	鲋	xjq	孚	ebf
	驸	cwf	绂	xdc	绋	xxj	桴	seb	赙	mge
	袯	pydc	砩	dxj	黻	oguc				

G

音	字	码	字	码	字	码	字	码	字	码
ga	噶	kaj	嘎	kdh	伽	wlk	尬	dnw	尕	eiu
	汆	idi	旮	vjf	钆	qnn				
gai	概	svc	钙	qgh	盖	ugl	溉	ivc	丐	ghn
	陔	bynw	改	nty	该	yynw				
gan	干	fggh	甘	afd	杆	sfh	柑	saf	竿	tfj
	肝	ef	赶	fhfk	感	dgkn	秆	tfh	敢	nb
	赣	ujt	坩	fafg	苷	aaf	尴	dnjl	擀	rfjf
	泔	iaf	淦	iqg	澉	inb	绀	xaf	橄	snb
	旰	jfh	矸	dfh	疳	uaf	酐	sgfh		
gang	刚	mqj	钢	qmqy	缸	rma	肛	ea	纲	xm
	岗	mmq	港	iawn	杠	sag	戆	ujtn	罡	lgh
	筻	tgjq	冈	mqi						
gao	篙	tymk	皋	rdfj	高	ym	膏	ypke	羔	ugo
	糕	ougo	搞	rym	镐	qym	稿	tym	告	tfkf
	睾	tlff	诰	ytfk	郜	tfkb	缟	xym	槔	srd
	槁	symk	杲	jsu	锆	qtfk				
ge	猕	rwgr	膈	egk	硌	dtk	蛇	jtn	舸	tes
	骼	met	哥	sks	歌	sksw	搁	rutk	戈	agnt
	鸽	wgkg	胳	etk	疙	utn	割	pdhj	革	af
	葛	ajq	格	stk	蛤	jw	阁	utk	隔	bgk
	铬	qtk	个	wh	各	tk	鬲	gkmh	仡	wtn
	智	lksk	圪	ftn	塥	fgk	嗝	kgkh		

（续）

音	字	码	字	码	字	码	字	码	字	码
gei	给	xw								
gen	根	sve	跟	khv	亘	gjgf	茛	ave	哏	kve
	艮	vei								
geng	耕	dif	更	gjq	庚	yvw	羹	ugod	埂	fgjq
	耿	bo	梗	sgjq	哽	kgjq	赓	yvwm	绠	xgjq
	鲠	qggq								
gong	工	a	攻	at	功	al	恭	awnu	龚	dxa
	供	waw	躬	tmdx	公	wc	宫	pkk	弓	xng
	巩	amy	汞	aiu	共	aw	肱	edc	蚣	jwc
	觥	qei								
gou	勾	qci	沟	iqc	苟	aqkf	狗	qtq	垢	fr
	构	sq	购	mqc	够	qkqq	佝	wqk	诟	yrg
	岣	mqk	遘	fjgp	媾	vfjf	缑	xwnd	枸	sqk
	觏	fjgq	彀	fpgc	笱	tqk	篝	tfjf	韝	afff
gu	轱	ldg	牯	trdg	怙	trtk	滕	efkc	罟	ldf
	钴	qdg	锢	qldg	鸪	dqyg	鹄	tfkg	痼	uld
	蛄	jdg	酤	sgdg	舭	qer	鲴	qgld	鹘	meq
	辜	duj	菇	avd	咕	kdg	箍	trah	估	wd
	沽	idg	孤	br	姑	vd	鼓	fkuc	古	dgh
	蛊	jlf	骨	me	谷	wwk	股	emc	故	dty
	顾	db	固	ldd	雇	ynwy	诂	yd	菰	abr
	崮	mld	汩	ijg	梏	stfk				
gua	刮	tdjh	瓜	rcy	剐	kmwj	寡	pdev	挂	rffg
	褂	pufh	卦	ffhy	呱	krc	胍	erc	鸹	tdq
guai	乖	tfux	拐	rkl	怪	ncf				
guan	棺	spn	关	ud	官	pn	冠	pfqf	观	cm
	管	tp	馆	qnp	罐	rmay	惯	nxfm	灌	iaky
	贯	xfmu	倌	wpn	掼	rxf	涫	ipn	盥	qgil
	鹳	akkg	鳏	qgli						
guang	光	iq	广	yygt	逛	qtgp	咣	kiqn	犷	qtyt
	桄	siqn	胱	eiq						
gui	皈	rrcy	鲑	qgff	鳜	qgdw	瑰	grq	规	fwm
	圭	fff	硅	dff	归	jv	龟	qjn	闺	uffd
	轨	lv	鬼	rqc	诡	yqd	癸	wgd	桂	sff
	柜	san	跪	khqb	贵	khgm	刽	wfcj	匦	alv
	刿	mqjh	庋	yfc	宄	pvb	妫	vyly	炅	jou
	晷	jthk								
gun	辊	lj	滚	iuc	棍	sjxx	衮	uceu	绲	xjxx
	磙	duc	鲧	qgti						

（续）

音	字	码	字	码	字	码	字	码	字	码
guo	锅	qkm	郭	ybb	国	l	果	js	裹	yjse
	过	fp	埚	fkmw	掴	rlgy	呙	kmwu	帼	mhl
	崞	myb	猓	qtjs	椁	syb	虢	efhm	聒	btd
	蜾	jjs	蝈	jlg						

H

音	字	码	字	码	字	码	字	码	字	码
ha	哈	kwg	铪	qwgk						
hai	骸	mey	孩	bynw	海	itx	氦	rnyw	亥	yntw
	害	pd	骇	cynw	还	gip	嗨	kitu	胲	eynw
han	晗	jwyk	焓	owy	顸	fdmy	颔	wynm	蚶	jaf
	鼾	thlf	酣	sgaf	憨	nbtn	邯	afb	韩	fjfh
	含	wynk	涵	ibi	寒	pfj	函	bib	喊	kdgt
	罕	pwf	翰	fjw	撼	rdgn	捍	rjf	旱	jfj
	憾	ndgn	悍	njf	焊	ojf	汗	ifh	汉	ic
	邗	fbh	菡	abib	撖	rnbt	瀚	ifjn		
hang	夯	dlb	杭	sym	航	tey	行	tf	沆	iym
	绗	xtfh	颃	ymdm						
hao	壕	fyp	嚎	kyp	豪	ypeu	毫	ypt	郝	fob
	好	vb	耗	ditn	号	kgn	浩	itfk	蒿	aym
	薅	avdf	嗥	krdf	嚆	kayk	濠	iype	灏	ijym
	昊	jgd	皓	rtfk	颢	jyim	蚝	jtf		
he	曷	jqwn	盍	fclf	颌	wgkm	翮	gkmn	纥	xtnn
	呵	ksk	喝	kjq	荷	awsk	菏	aisk	核	synw
	禾	tttt	和	t	何	wsk	合	wgk	盒	wgkl
	貉	eetk	阂	uyn	河	isk	涸	ild	赫	fofo
	褐	pujn	鹤	pwy	贺	lkm	诃	ysk	劾	yntl
	壑	hpgf	嗬	kawk	阖	ufcl				
hei	嘿	klf	黑	lfo						
hen	痕	uve	很	tve	狠	qtv	恨	nv		
heng	亨	ybj	哼	kyb	横	sam	衡	tqdh	恒	ngj
	蘅	atqh	珩	gtf	桁	stfh				
hong	烘	oaw	虹	ja	鸿	iaqg	洪	iaw	宏	pdc
	弘	xcy	红	xa	轰	lcc	哄	kaw	黉	ipa
	訇	qyd	讧	yag	荭	axa	蕻	adaw	薨	alpx
	闳	udci	泓	ixc	珙	gaw				
hou	猴	qtw	吼	kbn	厚	djb	候	whn	后	rg
	堠	fwn	喉	kwnd	侯	wnt	後	txt	逅	rgkp
	瘊	uwn	篌	twn	骺	mer				

（续）

音	字	码	字	码	字	码	字	码	字	码	字	码
hu	呼	kt	乎	tuh	忽	qrn	瑚	gde	壶	fpo		
	葫	ade	胡	de	蝴	jde	狐	qtr	糊	ode		
	湖	ide	弧	xrc	虎	ha	唬	kham	护	ryn		
	互	gx	沪	iyn	户	yne	冱	ugx	嗯	kqrn		
	囫	lqr	岵	mdg	猢	qtde	怙	ndg	惚	nqr		
	浒	iytf	滹	ihah	琥	gham	槲	sqef	轷	ltuh		
	烀	otu	煳	odeg	戽	ynuf	扈	ynkc	祜	pydg		
	瓠	dfny	鹕	deq	笏	tqr	醐	sgde	斛	qeu		
hua	花	awx	哗	kwx	华	wxf	猾	qtm	滑	ime		
	画	gl	划	aj	化	wx	话	ytd	骅	cwx		
	桦	swx	砉	dhdf	铧	qwx						
huai	槐	srq	徊	tlk	怀	ngi	坏	fgi	淮	iwy		
	踝	khjs										
huan	欢	cqw	环	ggi	桓	sgjg	还	gip	缓	xef		
	换	rq	患	kkhn	唤	kqm	痪	uqm	豢	udeu		
	焕	oqm	涣	iqm	宦	pahh	幻	xnn	奂	qmd		
	崔	awyf	擐	rlge	獾	qtay	洹	igj	浣	ipfq		
	漶	ikkn	寰	plge	逭	pnhp	锾	qefc	鲩	qgpq		
	鬟	dele										
huang	荒	aynq	慌	nay	黄	amw	磺	dam	蝗	jr		
	簧	tamw	皇	rgf	凰	mrg	惶	nrgg	煌	or		
	晃	ji	幌	mhjq	恍	niq	谎	yay	隍	brg		
	湟	irgg	潢	iam	遑	rgp	璜	gamw	肓	ynef		
	癀	uam	蟥	jam	篁	trgf	鳇	qgrg	徨	trg		
hui	挥	rpl	徽	tmgt	恢	ndo	蛔	jlk	回	lkd		
	毁	va	悔	ntx	慧	dhd	卉	faj	惠	gjhn		
	晦	jtx	灰	do	贿	mde	秽	tmq	会	wf		
	烩	owf	汇	ian	讳	yfnh	诲	ytx	绘	xwf		
	诙	ydo	茴	alkf	荟	awfc	蕙	agjn	吠	kdo		
	哕	kmq	喙	kxe	翙	bdan	洄	ilk	浍	iwfc		
	彗	dhdv	虺	xkhm	晖	gpl	桧	swf	晖	jplh		
	恚	ffnu	尵	gqji	蟪	jgjn	麾	yssn				
hun	昏	qajf	婚	vq	魂	fcr	浑	ipl	混	ijxx		
	诨	ypl	馄	qnjx	阍	uqaj	溷	iley	缳	xlge		
huo	豁	pdhk	活	itd	伙	wo	火	oooo	获	aqt		
	或	ak	惑	akgn	霍	fwyf	货	wxm	祸	pykw		
	劐	awyj	藿	afwy	攉	rfwy	嚯	kfwy	夥	jsqq		
	钬	qoy	锪	qqrn	镬	qawc	秴	diwk	蠖	jawc		

J

音	字	码	字	码	字	码	字	码	字	码
ji	计	yf	记	yn	既	vca	忌	nnu	际	bf
	妓	vfc	继	xo	藉	adi	丌	gjk	丞	bkc
	乩	hkn	剞	dskj	偈	wfkg	诘	yfk	塈	gjff
	芰	aeyu	芨	afcu	蒺	autd	戟	akbt	掎	rds
	叽	kmn	咭	kfkg	唶	kyj	唧	kvcb	炭	meyu
	崨	miwe	洎	ithg	屐	ntfc	骥	cuxw	畿	xxal
	玑	gmn	楫	skb	殛	gqb	载	fjat	戢	kbnt
	赍	fwwm	椅	trdk	亝	ydjj	矶	dmn	羁	lafc
	稽	tdnm	稷	tlwt	瘠	uiwe	虮	jmn	笈	teyu
	笄	tgaj	暨	vcag	髻	defk	麂	ynjm	霁	fyj
	鲚	qgyj	鲫	qgvb	跻	khyj	跽	khnn	给	xw
	击	fmk	圾	fe	基	ad	机	sm	畸	lds
	稽	tdnj	积	tkw	箕	tadw	肌	em	饥	qnm
	迹	yop	激	iry	讥	ymn	鸡	cqy	姬	vah
	绩	xgm	缉	xkb	吉	fk	极	se	棘	gmii
	辑	lkb	籍	tdij	集	wys	及	ey	急	qvn
	疾	utd	汲	iey	即	vcb	嫉	vut	级	xe
	挤	ryj	几	mt	脊	iwe	己	nng	蓟	aqgj
	技	rfc	冀	uxl	季	tb	伎	wfcy	祭	wfi
	剂	yjjh	悸	ntb	济	iyj	寄	pds	寂	ph
jia	嘉	fkuk	枷	slk	夹	guw	佳	wffg	家	pe
	加	lk	荚	aguw	颊	guwm	贾	smu	甲	lhnh
	钾	qlh	假	wnh	稼	tpe	价	wwj	架	lks
	驾	lkc	嫁	vpe	垠	dnh	郏	guwb	葭	anhc
	岬	mlh	浃	igu	迦	lkp	珈	glk	戛	dha
	胛	elh	恝	dhvn	铗	qguw	镓	qpe	痂	ulkd
	蛱	jgu	笳	tlkf	袈	lkye	跏	khlk		
jian	囝	lb	湔	iue	蹇	pfjh	謇	pfjy	鎌	xuvo
	枧	smqn	楗	svfp	戋	gggt	戬	goga	犍	warh
	犍	trvp	毽	tfnp	腱	evfp	睑	hwgi	锏	qujg
	鹣	uvog	裥	puuj	笕	tmqb	翦	uejn	趼	khga
	踺	khvp	鲣	qgjf	鞯	afa	歼	gqt	监	jtyl
	坚	jcf	尖	id	笺	tgr	间	ujd	煎	uejo
	兼	uvou	肩	yned	艰	cv	奸	vfh	缄	xdg
	茧	aju	检	sw	柬	glii	碱	ddg	硷	dwgi
	拣	ranw	捡	rwgi	简	tuj	俭	wwgi	剪	uejv
	减	udg	荐	adh	槛	sjt	鉴	jtyq	践	khg
	贱	mgt	见	mqb	键	qvfp	箭	tue	件	wrh
	健	wvfp	舰	temq	剑	wgij	饯	qngt	渐	ilr
	溅	imgt	涧	iujg	建	vfhp	僭	waqj	谏	ygli
	谫	yuev	菅	apnn	蒹	auvo	搛	ruvo		

（续）

音	字	码	字	码	字	码	字	码	字	码
jiang	姜	ugvf	将	uqf	浆	uqi	江	ia	疆	xfgg
	蒋	auqf	桨	uqs	讲	yfj	僵	wgl	匠	ar
	酱	uqsg	降	bt	茳	aia	泽	ita	缰	xglg
	耩	diff	糨	oxkj	豇	gkua	绛	xtah		
jiao	蕉	awyo	椒	shic	礁	dwyo	焦	wyo	胶	euqy
	交	uq	郊	uqb	浇	iat	骄	ctdj	娇	vtdj
	嚼	kelf	搅	ripq	铰	quq	矫	tdtj	侥	watq
	脚	efcb	狡	qtu	角	qe	饺	qnuq	缴	xry
	绞	xuq	剿	vjsj	教	ftbt	酵	sgfb	轿	ltd
	较	lu	叫	kn	窖	pwtk	佼	wuq	僬	wwyo
	艽	avb	茭	auqu	敫	ryty	皎	ruq	鶛	wyog
	蛟	juq	醮	sgwo	跤	khuq	鲛	qguq		
jie	揭	rjq	接	ruvg	皆	xxr	秸	tfkg	街	tffh
	阶	bwj	截	faw	劫	fcln	节	ab	桔	sfk
	杰	so	捷	rgv	睫	hgv	竭	ujqn	洁	ifk
	结	xfk	解	qev	姐	veg	戒	aak	藉	adi
	芥	awj	界	lwj	借	waj	介	wj	疥	uwj
	诫	yaah	届	nmd	偈	wjq	讦	yfh	拮	rfk
	喈	kxxr	嗟	kuda	婕	vgv	孑	bnhg	桀	qahs
	碣	djqn	疖	ubk	颉	fkdm	蚧	jwj	羯	udjn
	鲒	qgfk	骱	mew						
jin	妗	vwy	缙	xgoj	噤	kssi	墐	qnag	廑	yakg
	瑾	gakg	槿	sak	赆	mny	觐	akgq	衿	puwn
	矜	cbtn	巾	mhk	筋	telb	斤	rtt	金	qqqq
	今	wynb	津	ivfh	襟	pusi	紧	jc	锦	qrm
	仅	wcy	谨	yak	进	fj	靳	afr	晋	gogj
	禁	ssfi	近	rp	烬	ony	浸	ivp	尽	nyu
	劲	cal	堻	bigb	荩	anyu	堇	akgf		
jing	荆	aga	兢	dqd	茎	aca	睛	hg	晶	jjj
	鲸	qgy	京	yiu	惊	nyiy	精	oge	粳	ogj
	经	x	井	fjk	警	aqky	景	jy	颈	cad
	静	geq	境	fuj	敬	aqk	镜	quj	径	tca
	痉	uca	靖	uge	竟	ujq	竞	ukqb	净	uqv
	刭	caj	儆	waqt	阱	bfj	菁	agef	獍	qtuq
	憬	njy	泾	ica	迳	cap	弪	xcag	婧	vge
	肼	efj	胫	eca	腈	egeg	旌	yttg	炯	omk
	箐	pwvk	迥	mkp	扃	ynmk				
jiu	鬏	deto	揪	rtoy	究	pwv	纠	xnh	玖	gqy
	韭	djdg	久	qy	鹫	yidg	赳	fhnh	灸	qyo
	九	vt	酒	isgg	厩	dvc	救	fiyt	旧	hj
	臼	vth	舅	vll	咎	thk	就	yi	疚	uqy
	僦	wyi	啾	kto	阄	uqj	枢	saqy	桕	svg
	鸠	vqyg								

（续）

音	字	码	字	码	字	码	字	码	字	码
ju	惧	nhw	炬	oan	剧	ndj	倨	wnd	讵	yang
	苴	aan	苴	aeg	莒	akkf	掬	rqo	遽	haep
	屦	ntov	琚	gndg	椐	snd	椇	tdas	榉	siw
	橘	scbk	惧	trhw	飓	mqh	钜	qan	铜	qnnk
	婆	pwov	裾	pund	醵	sghe	踽	khty	蛆	hwbg
	雎	egwy	鞠	afq	桔	sfk	拘	rqk	狙	qteg
	疽	ueg	居	nd	驹	cqk	菊	aqo	局	nnk
	咀	keg	矩	tda	举	iwf	沮	ieg	聚	bct
	拒	ran	据	rnd	巨	and	具	hw	距	khan
	锯	qnd	俱	whw	句	qkd				
juan	捐	rke	鹃	keqg	娟	vke	倦	wud	眷	udhf
	卷	udbb	绢	xke	鄄	sfbh	狷	qtke	涓	ike
	桊	uds	蠲	uwlj	锩	qudb	镌	qwye		
jue	爝	oelf	镢	qduw	蹶	khdw	觖	qenw	角	qe
	橛	sduw	撅	rduw	攫	rhhc	抉	rnwy	掘	rnbm
	倔	wnbm	爵	elvf	觉	ipmq	决	unw	诀	ynwy
	绝	xqc	厥	dubw	刷	dubj	谲	ycbk	矍	hhwc
	蕨	aduw	噘	kduw	噱	khae	崛	mnbm	獗	qtdw
	孓	byi	珏	ggyy	桷	sqe				
jun	均	fqu	菌	alt	钧	qqug	军	pl	君	vtkd
	峻	mcw	俊	wcw	竣	ucw	浚	icwt	郡	vtkb
	骏	ccw	捃	rvt	皲	plh	筠	tfqu	隽	wyeb
	麇	ynjt								

K

音	字	码	字	码	字	码	字	码	字	码
ka	喀	kpt	咖	klk	卡	hhu	咯	ktk	佧	whh
	咔	khhy	胩	ehh						
kai	凯	mnm	慨	nvc	剀	mnj	垲	fmn	蒈	axxr
	忾	nrn	恺	nmn	铠	qmn	锎	quga	开	ga
	揩	rxxr	楷	sxx	锴	qxx				
kan	勘	adwl	坎	fqw	刊	fjh	堪	fad	看	rhf
	侃	wkq	莰	afqw	阚	unb	戡	adwa	龛	wgkx
	瞰	hnb								
kang	康	yvi	慷	nyv	糠	oyvi	糠	oyvi	扛	rag
	抗	rymn	亢	ymb	炕	oym	伉	wym	闶	uymv
	钪	qymn								
kao	烤	oft	靠	tfkd	尻	nvv	栲	sftn	犒	tryk
	铐	qftn								

（续）

音	字	码	字	码	字	码	字	码	字	码
ke	氪	rndq	瞌	hfcl	钶	qsk	锞	qjs	稞	tjs
	疴	usk	窠	pwjs	颏	yntm	蚵	jsk	柯	ssk
	蝌	jtu	髁	mejs	坷	fsk	苛	ask	壳	fpm
	棵	sjs	磕	dfcl	颗	jsd	科	tu	刻	yntj
	咳	kynw	可	sk	渴	ijq	克	dq	恪	ntk
	客	ptk	课	yjs	嗑	kfcl	岢	msk	轲	lsk
	溘	ifcl	骒	cjs	缂	xafh	珂	gsk		
ken	肯	he	啃	khe	垦	vef	恳	venu	裉	puve
keng	坑	fym	吭	kym	铿	qjcf				
kong	空	pw	恐	amyn	孔	bnn	控	rpw	倥	wpw
	崆	mpw	箜	tpw						
kou	口	kkkk	扣	rk	寇	pfqc	芤	abn	蔻	apfl
	叩	kbh	眍	haqy	筘	trk	抠	raq		
ku	枯	sd	哭	kkdu	窟	pwn	苦	adf	酷	sgtk
	库	ylk	裤	puy	刳	dfnj	堀	fnbm	喾	iptk
	绔	xdfn	骷	medg						
kua	夸	dfn	垮	fdfn	挎	rdfn	跨	khdn	胯	edfn
	侉	wdfn								
kuai	块	fnw	筷	tnnw	佮	wwfc	快	nnw	蒯	aeej
	郐	wfcb	哙	kwfc	狯	qtwc	脍	ewfc		
kuan	宽	pa	款	ffi	髋	mepq				
kuang	匡	agd	筐	tag	狂	qtg	框	sagg	矿	dyt
	眶	hagg	旷	jyt	况	ukq	诳	yagg	逛	yqt
	邝	ybh	圹	fyt	夼	dkj	哐	kagg	纩	xyt
	贶	mkq								
kui	聩	bkh	蝰	jdff	簀	tkhm	跬	khff	亏	fnv
	盔	dol	岿	mjv	窥	pwfq	葵	awgd	奎	dfff
	魁	rqcf	傀	wrqc	馈	qnk	愧	nrq	溃	ikh
	馗	vuth	匮	akhm	夔	uhtt	隗	brq	黄	akhm
	揆	rwgd	喹	kdff	喟	kle	愦	nkhm	逵	fwfp
	暌	hwgd	睽	jwgd						
kun	坤	fjhh	昆	jxx	捆	rls	困	ls	悃	nls
	阃	ulsi	琨	gjxx	锟	qjxx	醌	sgjx	鲲	qgjx
	髡	degq								
kuo	括	rtd	扩	ry	廓	yyb	阔	uitd	栝	stdg
	蛞	jtdg								

L

音	字	码	字	码	字	码	字	码	字	码
la	垃	fug	拉	ru	喇	kgk	蜡	jaj	腊	eaj
	辣	ugk	啦	kru	剌	gkij	邋	vlqp	晃	jvb
	砬	dug	瘌	ugkj						
lai	莱	ago	来	go	赖	gkim	崃	mgo	徕	tgo
	涞	igo	濑	igkm	赉	gom	睐	hgo	铼	qgoy
	癞	ugkm	籁	tgkm						
lan	蓝	ajt	婪	ssv	栏	suf	拦	ruf	篮	tjtl
	阑	ugli	兰	uff	澜	iugi	谰	yug	揽	rjt
	懒	ngkm	缆	xjt	烂	oufg	滥	ijt	岚	mmqu
	溇	issv	榄	sjtq	斓	yugi	罱	lfmf	镧	qugi
	褴	pujl								
lang	琅	gyv	榔	syv	狼	qty	廊	yyv	郎	yvcb
	朗	yvc	浪	iyv	蒗	aiye	啷	kyv	阆	uyv
	锒	qyve	稂	tyv	螂	jyv				
lao	捞	rap	劳	apl	牢	prh	老	ftx	佬	wft
	姥	vft	酪	sgtk	烙	otk	涝	iap	唠	kap
	崂	map	栳	sftx	铹	qftx	锊	qap	痨	uapl
	耢	dial	醪	sgne						
le	勒	afl	乐	qi	了	b	仂	wln	叻	kln
	沏	ibl	鳓	qgal						
lei	雷	flf	镭	qfl	蕾	aflf	磊	ddd	累	lx
	儡	wll	垒	cccf	擂	rfl	耒	dii	酹	sgef
leng	棱	sfw	冷	uwyc	塄	fly	愣	nly		
li	箦	tss	粝	odd	醴	sgmu	跞	khqi	雳	fdlb
	鲡	qggy	鳢	qgmu	鲎	tqto	厘	djfd	梨	tjs
	犁	tjrh	黎	tqt	篱	tyb	狸	qtjf	离	yb
	漓	iybc	理	gj	李	sb	里	jfd	鲤	qgjf
	礼	pynn	莉	atj	荔	alll	吏	gkqi	栗	ssu
	丽	gmy	厉	ddn	励	ddnl	砾	dqi	历	dl
	利	tjh	傈	wss	例	wgq	俐	wtj	痢	utj
	立	uuuu	粒	oug	沥	idl	隶	vii	力	lt
	璃	gyb	哩	kjf	俪	wgmy	俚	wjf	郦	gmyb
	坜	fdl	疠	adl	苈	awuf	离	aybc	藜	atq
	呖	kdl	唳	kynd	喱	kdjf	猁	qtt	悝	njfg
	溧	issy	澧	ima	逦	gmyp	娌	vjfg	鳌	fit
	骊	cgm	缡	xyb	枥	sdl	栎	sqi	轹	lqi
	戾	ynd	砺	dddn	詈	lyf	罹	lnwy	锂	qjf
	鹂	gmyg	疬	udnv	疠	udl	蛎	jdd	蜊	jtj
	蠡	xejj	笠	tuf						

（续）

音	字	码	字	码	字	码	字	码	字	码
lian	联	bu	俩	wgmw	蠊	jyu	鲢	qglp	莲	alp
	连	lpk	镰	qyuo	廉	yuvo	怜	nwyc	涟	ilp
	帘	pwm	敛	wgit	脸	ew	链	qlp	恋	yon
	炼	oanw	练	xan	奁	daq	潋	iwgt	濂	iyu
	琏	glp	楝	sgl	殓	gqw	臁	eyu	裢	pul
	裣	puwi								
liang	粮	oyve	凉	uyiy	梁	ivw	粱	ivwo	晾	jyiy
	良	yv	两	gmww	辆	lgm	量	jg	炀	awgt
	亮	ypm	谅	yyi	墚	fiv	莨	ayv	魉	rqcw
	椋	syiy	踉	khye	靓	gem				
liao	撩	rdu	聊	bqt	僚	wdu	疗	ubk	燎	odui
	寥	pnw	辽	bpk	潦	idui	了	b	撂	rlt
	镣	qdu	廖	ynw	料	ou	蓼	anw	尥	dnq
	嘹	kdui	獠	qtdi	寮	pdu	缭	xdu	钌	qbh
	鹩	dujg								
lie	列	gq	裂	gqje	烈	gqjo	劣	itl	猎	qta
	冽	ugq	埒	fef	捩	rynd	咧	kgq	洌	igq
	趔	fhgj	躐	khvn	鬣	devn	蹕	khay		
lin	麟	ynjh	琳	gss	林	ss	磷	doq	霖	fss
	临	jty	邻	wycb	鳞	qgoh	淋	iss	凛	uyl
	赁	wtfm	吝	ykf	拎	rwyc	蔺	auwy	啉	kss
	鳞	qgo	廪	yyli	懔	nyli	遴	oqa	檩	syli
	辚	lo	膦	eo	瞵	hoq	粦	oqab		
ling	菱	afwt	零	fwyc	龄	hwbc	铃	qwyc	伶	wwyc
	羚	udwc	凌	ufwt	灵	vo	陵	bfw	岭	mwyc
	领	wycm	另	kl	令	wyc	鄙	fkkb	苓	awyc
	呤	kwyc	囹	lwy	泠	iwyc	绫	xfw	珑	gdx
	玲	gwy	柃	swyc	棂	svo	瓴	wycn	聆	bwyc
	蛉	jwyc	翎	wycn	鲮	qgft				
liu	溜	iqyl	琉	gyc	榴	sqyl	硫	dyc	馏	qnql
	留	qyvl	刘	yj	瘤	uqyl	流	iyc	柳	sqt
	六	uy	浏	iyjh	遛	qyvp	骝	cqyl	绺	xthk
	旒	ytyq	熘	oqyl	锍	qycq	镏	qqyl	鹨	nweg
long	龙	dx	聋	dxb	咙	kdx	笼	tdx	窿	pwbg
	隆	btgg	垄	dxf	拢	rdx	陇	bdx	垅	fdx
	茏	adx	泷	idx	栊	sdx	胧	edx	砻	dxd
lou	楼	sov	娄	ov	搂	rov	婆	tov	漏	infy
	陋	bgm	偻	wov	蒌	aov	喽	kov	嵝	mov
	镂	qov	瘘	uov	楼	diov	蝼	jov	髅	meov

165

（续）

音	字	码	字	码	字	码	字	码	字	码
lu	芦	aynr	卢	hn	颅	hndm	庐	yyne	炉	oyn
	掳	rhal	卤	hlq	虏	halv	鲁	qgj	麓	ssyx
	碌	dvi	露	fkhk	路	kht	鹿	ynj	潞	ikhk
	禄	pyvi	录	vi	陆	bfm	戮	nwea	垆	fhnt
	撸	rqgj	噜	kqg	泸	ihn	渌	ivi	漉	iynx
	逯	vip	璐	gkhk	栌	shnt	橹	sqgj	轳	lhnt
	辂	ltk	辘	lynx	氇	tfnj	胪	ehnt	鲁	qqgj
	鸬	hnq	鹭	khtg	簏	tynx	舻	teh	鲈	qghn
lü	驴	cyn	吕	kk	铝	qkk	侣	wkk	旅	ytey
	履	nttt	屡	nov	缕	xov	虑	han	氯	rnv
	律	tvfh	率	yx	滤	iha	绿	xv	捋	refy
	闾	ukkd	桐	sukk	膂	ytee	稆	tkk	楼	puv
luan	峦	yom	挛	yor	李	yob	滦	iyos	卵	qyt
	乱	tdn	脔	yomw	娈	yov	栾	yos	鸾	yoq
	銮	yoqf								
lue	略	ltk	锊	qef	掠	ryiy				
lun	抡	rwx	轮	lwx	伦	wwx				
	仑	wxb	沦	iwx	纶	xwx	论	ywx	囵	lwxv
luo	萝	alq	螺	jlx	罗	lq	逻	lqp	锣	qlq
	箩	tlq	骡	clx	裸	pujs	落	aitk	洛	itk
	骆	ctk	络	xtk	倮	wjs	蠃	ynky	荦	aprh
	摞	rlx	猡	qtlq	泺	iqi	漯	ilx	珞	gtk
	椤	slq	胳	ekm	镙	qlx	瘰	ulx	雒	tkwy

M

音	字	码	字	码	字	码	字	码	字	码
ma	妈	vc	麻	yss	玛	gcg	码	dcg	蚂	jcg
	马	cn	骂	kkc	嘛	ky	吗	kcg	嘜	kgt
	犸	qtcg	嬷	vysc	杩	scg	蟆	jajd		
mai	埋	fjf	买	nudu	麦	gtu	卖	fnud	迈	dnp
	脉	eyni	劢	dnl	荬	anud	霡	feef		
man	瞒	hagw	馒	qnjc	蛮	yoj	满	iagw	蔓	ajlc
	曼	jlc	慢	nj	漫	ijlc	谩	yjlc	墁	fjlc
	幔	mhjc	缦	xjlc	熳	ojlc	鳗	qjlc	颟	agmm
	螨	jagw	鳗	qgjc	鞔	afqq				
mang	芒	ayn	茫	aiy	盲	ynh	氓	ynna	忙	nynn
	莽	adaj	邙	ynbh	漭	iada	硭	dayn	蟒	jada
mao	蟊	cbtj	孟	cbtj	鍪	detn	猫	qtal	茅	acbt
	锚	qal	毛	tfn	矛	cbt	铆	qqt	卯	qtbh
	茂	adn	冒	jhf	帽	mhj	貌	eerq	贸	qyvm
	袤	ycbe	茆	aqtb	峁	mqtb	泖	iqtb	瑁	gjhg
	昴	jqtb	牦	trtn	耄	ftxn	旄	yttn	懋	scbn
	瞀	cbth								

（续）

音	字	码	字	码	字	码	字	码	字	码	字	码
me	么	tc										
mei	袂	pun	魅	rqci	玫	gt	枚	sty	梅	stx		
	酶	sgtu	霉	ftxu	煤	oafs	没	im	眉	nhd		
	媒	vaf	镁	qug	每	txg	美	ugdu	昧	jfi		
	寐	pnhi	妹	vfi	媚	vnh	莓	atx	嵋	mnh		
	猸	qtnh	湄	inh	楣	snh	锱	qnh	鹛	nhqg		
men	门	uyh	闷	uni	们	wu	扪	run	焖	oun		
	懑	iagn	钔	qun								
meng	萌	aje	蒙	apg	檬	sap	盟	jel	锰	qbl		
	猛	qtbl	梦	ssq	孟	blf	勐	bll	甍	alpn		
	曹	alph	懵	nalh	朦	eap	礞	dap	虻	jyn		
	蜢	jbl	蠓	jap	艋	tebl	艨	teae				
mi	眯	ho	醚	sgo	糜	ysso	迷	op	谜	yopy		
	弥	xqi	米	oy	秘	tn	觅	emq	泌	int		
	蜜	pntj	密	pntm	幂	pjdh	芈	gjgh	谧	yntl		
	靡	aysd	咪	koy	嘧	kpn	猕	qtxi	汨	ijg		
	宓	pntr	弭	xbg	脒	eoy	祢	pyqi	敉	oty		
	糸	xiu	縻	yssi	麋	ynjo						
mian	棉	srm	眠	hna	绵	xrm	冕	jqkq	免	qkq		
	勉	qkql	娩	vqk	缅	xdmd	面	dm	沔	igh		
	渑	ikj	湎	idm	腼	edmd	眄	hgh	黾	kjn		
miao	苗	alf	描	ralg	瞄	hal	藐	aee	秒	ti		
	渺	ihit	庙	ymd	妙	vit	鹋	aqyg	喵	kal		
	邈	eerp	缈	xhi	杪	sit	眇	hit	鹋	alqg		
mie	蔑	aldt	灭	goi	乜	nnv	哔	kud	篾	tldt		
	蠛	jalt										
min	敏	txgt	悯	nuyy	民	n	抿	rna	皿	lhng		
	闽	uji	苠	anab	岷	mnan	闵	uyi	泯	inan		
	缗	xnaj	珉	gnan	愍	natn	鳘	txgg				
ming	明	je	螟	jpju	鸣	kqyg	铭	qqk	名	qk		
	命	wgkb	冥	pjuu	茗	aqkf	溟	ipju	暝	jpju		
	瞑	hpju	酩	sgqk								
miu	谬	ynwe	缪	xnwe								
mo	殁	gqmc	镆	qajd	秣	tgs	瘼	uajd	饃	diy		
	貊	eed	獏	eea	麼	yssc	没	im	摸	rajd		
	摹	ajdr	蘑	aysd	模	saj	膜	eajd	磨	yssd		
	摩	yssr	魔	yssc	抹	rgs	末	gs	莫	ajd		
	墨	lfof	默	lfod	沫	igs	漠	iaj	寞	paj		
	陌	bdj	谟	yajd	茉	ags	暮	ajdc	馍	qnad		
	嫫	vajd										
mou	谋	yafs	牟	crh	某	afs	侔	wcr	哞	kcr		
	眸	hcr	蛑	jcr	鍪	cbtq						

（续）

音	字	码	字	码	字	码	字	码	字	码
	拇	rxgu	牡	trfg	亩	ylf	姆	vx	母	xgu
	墓	ajdf	暮	ajdj	幕	ajdh	募	ajdl	慕	ajdn
mu	木	ssss	目	hhhh	睦	hfwf	牧	trt	穆	tri
	仫	wtc	坶	fxgu	苜	ahf	沐	isy	毪	tfnh
	钼	qhg								

N

音	字	码	字	码	字	码	字	码	字	码
na	拿	wgkr	哪	kvf	呐	kmw	钠	qmw	那	vfb
	娜	vvf	纳	xmw	捺	rdfi	肭	emw	镎	qwgr
nai	衲	pumw	氖	rne	乃	etn	奶	ve	耐	dmjf
	奈	dfi	鼐	ehnn	芀	aeb	萘	adfi	柰	sfiu
nan	南	fm	男	ll	难	cwy	喃	kfm	囡	lvd
	楠	sfm	腩	efm	蝻	jfm				
nang	囊	gkhe	攮	rgke	齉	kgke	馕	qnge	曩	jyke
nao	挠	ratq	脑	eyb	恼	nyb	闹	uym	淖	ihj
	孬	givb	垴	fybh	呶	kvc	猱	qtcs	瑙	gvt
	铙	qat								
ne	呢	knx	讷	ymw						
nei	馁	qne	内	mw						
nen	嫩	vgk	恁	wtfn	能	ce				
ni	泥	inx	妮	vnx	霓	fvqb	倪	wvqn	尼	nx
	拟	rny	你	wq	匿	aadk	腻	eaf	逆	ubtp
	溺	ixuu	伲	wnxn	坭	fnx	猊	qtvq	怩	nnx
	昵	jnx	旎	ytnx	嫟	aadn	睨	hvqn	铌	qnx
	鲵	qgvq								
nian	蔫	agho	拈	rhkg	年	rh	碾	dna	撵	rfwl
	捻	rwyn	念	wynn	廿	aghg	埝	fwyn	辇	fwfl
	黏	twik	鲇	qghk	鲶	qgwn				
niang	娘	vyv	酿	sgye						
niao	鸟	qyng	尿	nii	嬲	llvl	脲	eniy	袅	qyne
nie	捏	rjfg	聂	bcc	孽	awnb	啮	khwb	镊	qbcc
	镍	qth	涅	ijfg	陧	bjfg	蘖	awns	嗫	kbcc
	颞	bccm	臬	ths	蹑	khb				
nin	您	wqin								
ning	柠	sps	狞	qtp	凝	uxt	宁	ps	拧	rps
	泞	ips	佞	wfv	咛	kps	聍	bps		
niu	牛	rhk	扭	rnf	钮	qnf	纽	xnf	狃	qtnf
	忸	nnf	妞	vnf						
nong	脓	epe	浓	ipe	农	pei	弄	gaj	侬	wpe
	哝	kpe								
nu	奴	vcy	努	vcl	怒	vcn	弩	vcx	胬	vcmw
nue	虐	haag	疟	uagd						
nuo	挪	rvfb	懦	nfdj	糯	ofdj	诺	yad	偌	wad
	傩	wcwy	搦	rxuu	喏	kadk	锘	qadk		

O

音	字	码	字	码	字	码	字	码	字	码
o	哦	ktr	噢	ktmd						
ou	欧	aqqw	鸥	aqqg	殴	aqmc	藕	adiy	呕	kaqy
	偶	wjm	沤	iaq	讴	yaq	怄	naq	瓯	aqgn
	碛	dias	耦	dij						

P

音	字	码	字	码	字	码	字	码	字	码
pa	啪	krr	趴	khw	爬	rhyc	帕	mhr	怕	nr
	琶	ggc	葩	arc	耙	ocn	杷	scn	笆	trc
pai	拍	rrg	排	rdjd	牌	thgf	徘	tdjd	湃	ird
	派	ire	俳	wdjd	湃	air	哌	kre		
pan	潘	itol	盘	tel	攀	sqqr	磐	temd	盼	hwv
	畔	luf	判	udjh	叛	udrc	爿	nhde	泮	iuf
	袢	puuf	襻	pusr	蟠	jtol	蹒	khaw		
pang	乓	rgyu	庞	ydxv	旁	upy	磅	diuy	胖	euf
	滂	iupy	逢	tahp	螃	jupy				
pao	抛	rvl	咆	kqn	刨	qnjh	炮	oqn	袍	puq
	跑	khq	泡	iqn	匏	dfnn	狍	qtqn	庖	yqn
	脬	eeb	疱	uqn						
pei	呸	kgi	胚	egi	培	fuk	裴	djde	赔	muk
	陪	buk	配	sgn	佩	wmg	沛	igmh	辔	xlxk
	帔	mhhc	旆	ytgh	锫	qukg	醅	sguk	霈	figh
pen	喷	kfam	盆	wvl	湓	iwvl				
peng	砰	dgu	抨	rguh	烹	ybou	澎	ifke	彭	fkue
	蓬	atdp	棚	seeg	硼	dee	篷	ttdp	膨	efke
	朋	ee	鹏	eeq	捧	rdw	碰	duo	堋	feeg
	嘭	kfke	怦	nguh	蟛	jfke				
pi	芘	axxb	擗	rnku	圮	fnn	鼙	fkuf	劈	knku
	庀	yxv	濞	ilgj	媲	vtl	纰	xxxn	枇	sxxn
	甓	nkun	脾	hrtf	罴	lfco	铍	qhc	癖	unku
	蚍	jxxn	蜱	jrtf	貔	eetx	坏	fgig	砒	dxxn
	霹	fnku	批	rxxn	披	rhc	劈	nkuv	琵	ggxx
	毗	lxx	啤	krt	脾	ert	疲	uhc	皮	hc
	匹	aqv	痞	ugi	僻	wnk	屁	nxx	譬	nkuy
	丕	gigf	仳	wxx	陂	bhc	陴	brt	邳	gigb
pian	篇	tyna	偏	wyna	片	thg	骗	cyna	谝	yyna
	骈	cu	翩	ynmn	蹁	khya				
piao	飘	sfiq	漂	isf	票	sfiu	瓢	sfiy	剽	sfij
	嘌	ksf	嫖	vsf	缥	xsf	殍	gqeb	瞟	hsf
	螵	jsf								
pie	撇	rumt	瞥	umih	苤	agi	氕	rntr		
pin	拼	rua	频	hid	贫	wvm	品	kkk	聘	bmg
	拚	rcah	姘	vua	嫔	vpr	榀	skk	牝	trx

（续）

音	字	码	字	码	字	码	字	码	字	码
ping	鼙	hidf	乒	rgt	坪	fgu	苹	agu	平	gu
	凭	wtfm	瓶	uag	评	ygu	屏	nua	傓	wmgn
	娉	vmgn	枰	sgu	鲆	qgg				
po	坡	fhc	泼	inty	颇	hcdm	婆	ihcv	破	dhc
	魄	rrqc	迫	rpd	粕	org	叵	akd	鄱	tolb
	珀	grg	攴	hcu	钋	qhy	钷	qak	皤	rtol
	笸	takf								
pou	剖	ukjh	裒	yveu	掊	rukg				
pu	扑	rhy	仆	why	莆	agey	葡	aqgy	菩	aukf
	蒲	aigy	埔	fgey	朴	shy	圃	lgey	普	uogj
	浦	igey	谱	yuoj	曝	jja	瀑	ija	匍	qgey
	噗	kogy	溥	igef	濮	iwo	璞	gogy	氆	tfnj
	镤	qogy	镨	quoj	蹼	khoy				

Q

音	字	码	字	码	字	码	字	码	字	码
qi	期	adwe	欺	adww	栖	ssg	戚	dhi	妻	gv
	七	ag	凄	ugvv	漆	iswi	柒	ias	沏	iav
	其	adw	棋	sad	奇	dskf	歧	hfc	畦	lffg
	崎	mds	脐	eyj	齐	yjj	旗	yta	祈	pyr
	祁	pyb	骑	cds	起	fhn	岂	mn	乞	tnb
	企	whf	启	ynk	契	dvd	砌	dav	器	kkd
	气	rnb	迄	tnp	弃	yca	汽	irn	泣	iug
	讫	ytnn	亓	fjj	俟	wct	圻	frh	芑	anb
	芪	aqa	芊	ayjj	萁	aadw	萋	agv	茸	akb
	蕲	aujr	喊	kdht	屺	mnn	岐	mfc	汔	itn
	淇	iadw	骐	cadw	绮	xds	琪	gad	琦	gds
	杞	snn	桤	smnn	槭	sdht	耆	ftxj	祺	pya
	憩	tdtn	碛	dgm	顑	rdm	蜞	jyj	蜞	jad
	綦	adwi	綮	ynti	蹊	khed	鳍	qgfj	麒	ynjw
qia	掐	rqv	恰	nwgk	洽	iwgk	葜	adhd	裕	puwk
	髂	mepk								
qian	牵	dprh	扦	rtfh	钎	qtf	铅	qmk	千	tfk
	迁	tfp	签	twgi	仟	wtfh	谦	yuvo	乾	fjt
	黔	lfon	钱	qg	钳	qaf	前	ue	潜	ifw
	遣	khgp	浅	igt	谴	ykhp	埏	lrff	嵌	mafw
	欠	qw	歉	uvow	倩	wgeg	佥	wgif	阡	btfh
	芊	atfj	芡	aqw	荨	avf	掮	ryne	岍	mgah
	悭	njc	慊	nuvo	褰	pfjc	搴	pfjr	襄	pfje
	缱	xkhp	桫	lrs	欮	eqw	慈	tifn	铃	qwyn
	虔	hayi	箝	traf						
qiang	枪	swb	呛	kwb	腔	epw	羌	udnb	墙	ffuk
	蔷	afuk	强	xk	抢	rwb	戕	nhda	嫱	vfuk
	樯	sfuk	戗	wbat	炝	owb	锖	qgeg	锵	quqf
	镪	qxkj	襁	puxj	蜣	judn	羟	udca	跄	khwb

（续）

音	字	码	字	码	字	码	字	码	字	码
qiao	橇	stf	锹	qto	敲	ymkc	悄	ni	桥	std
	瞧	hwy	乔	tdj	侨	wtd	巧	agnn	鞘	afie
	撬	rtfn	翘	atgn	峭	mieg	俏	wie	窍	pwan
	劁	wyoj	诮	yie	谯	ywyo	荞	atdj	峤	mtd
	愀	nto	憔	nwyo	樵	swyo	硗	dat	跷	khaq
	鞒	aftj								
qie	切	av	茄	alkf	且	eg	怯	nfcy	窃	pwav
	郄	qdc	惬	nag	妾	uvf	挈	dhvr	锲	qdhd
	箧	tagw	趄	fhe						
qin	钦	qqw	侵	wvp	亲	us	秦	dwt	琴	ggw
	勤	akgl	芹	arj	擒	rwyc	禽	wyb	寝	puvc
	沁	iny	芩	awyn	撳	rqqw	吣	kny	嗪	kdwt
	噙	kwyc	溱	idw	檎	swyc	锓	qvp	蠄	jdwt
	衾	wyne								
qing	青	gef	轻	lc	氢	rnc	倾	wxd	氰	rnge
	卿	qtvb	清	igeg	擎	aqkr	晴	jge	苘	amk
	情	nge	顷	xd	请	yge	庆	yd	磬	fnmm
	圊	lged	綮	aqks	磬	fnmd	蜻	jgeg	黥	lfoi
	箐	tgef	謦	fnmy	鲭	qgge				
qiong	琼	gyiy	穷	pwl	邛	abh	茕	apn	穹	pwx
	蛩	amyj	銎	amyq						
qiu	秋	to	丘	rgd	邱	rgbh	球	gfiy	求	fiy
	囚	lwi	酋	usgf	泅	ilwy	俅	wfiy	巯	cay
	犰	qtvn	湫	itoy	述	fiyp	遒	usgp	楸	stoy
	赇	mfi	虬	jnn	蚯	jrgg	蝤	jus	裘	fiye
	糗	othd	鳅	qgto	觩	thlv				
quan	佳	yffg	圈	lud	颧	akk	权	scy	醛	sgag
	泉	riu	全	wg	痊	uwg	拳	udr	犬	dgty
	券	udv	劝	cl	诠	ywg	荃	awgf	悛	ncw
	绻	xudb	辁	lwgg	畎	ldy	铨	qwgg	蜷	judb
	筌	twgf	鬈	deub						
qu	胸	eqk	祛	pyfc	鸲	qkqg	癯	uhh	蛐	jma
	蠼	jhhc	麴	fwwo	瞿	hhwy	骏	lfot	趋	fhqv
	区	aq	蛆	jegg	曲	ma	躯	tmdq	屈	nbm
	驱	caq	渠	ians	取	bc	娶	bcv	蛹	hwby
	趣	fhb	去	fcu	诎	ybmh	劬	qkl	蕖	aias
	蘧	ahap	岖	maq	衢	thhh	阒	uhd	璩	ghae
	觑	haoq	氍	hhwn						
que	缺	rmnw	炔	onw	瘸	ulkw	却	fcb	鹊	ajqg
	榷	spwy	确	dqe	雀	iwyf	阕	uwgd	阙	uub
	悫	fpmn	裙	puvk	群	vtkd	逡	cwt		

R

音	字	码	字	码	字	码	字	码	字	码
ran	然	qd	燃	oqdo	冉	mfd	染	ivs	苒	amf
	蚺	jmf	髯	dem						
rang	瓤	ykky	壤	fyk	攘	ryk	嚷	kyk	让	yhg
	禳	pyye								
rao	绕	xat	饶	qnaq	扰	rdnn	荛	aat	娆	vat
	桡	satq								
re	惹	adkn	热	rvyo						
ren	壬	tfd	仁	wfg	人	w	忍	vynu	韧	fnhy
	任	wtf	认	yw	刃	vyi	妊	vtf	纫	xvy
	荏	awtf	葚	aadn	饪	qntf	轫	lvy	稔	twyn
	衽	putf	扔	re	仍	we				
ri	日	jjjj								
rong	戎	ade	茸	abf	蓉	apwk	荣	aps	融	gkm
	熔	opw	溶	ipwk	容	pww	绒	xad	冗	pmb
	嵘	maps	狨	qtad	榕	spwk	肜	eet	蝾	japs
rou	揉	rcbs	柔	cbts	肉	mww	糅	ocbs	鞣	afcs
	蹂	khcs								
ru	茹	avk	蠕	jfdj	儒	wfdj	孺	bfd	如	vk
	辱	dfef	乳	ebn	汝	ivg	入	tyi	褥	pudf
	蓐	adff	薷	afdj	嚅	kfdj	洳	ivkg	溽	idff
	濡	ifdj	缛	xdff	铷	qvk	襦	pufj	颥	fdmm
ruan	软	lpwy	阮	bfq	朊	efq				
rui	蕊	ann	瑞	gmd	锐	quk	芮	amwu	蕤	aetg
	枘	smw	睿	hpgh	蚋	jmw				
run	闰	ug	润	iugg						
ruo	若	adk	弱	xu	箬	tadk				

S

音	字	码	字	码	字	码	字	码	字	码
sa	撒	rae	洒	is	萨	abu	卅	gkk	仨	wdg
	脎	eqs	飒	umqy						
sai	腮	elny	鳃	qgl	塞	pfjf	赛	pfjm	噻	kpff
san	三	dg	叁	cdd	伞	wuh	散	aet	馓	qnat
	毵	cden	霰	fae						
sang	桑	cccs	嗓	kcc	丧	fue	搡	rccs	磉	dcc
	颡	cccm								
sao	搔	rcyj	骚	ccyj	扫	rv	嫂	vvh	埽	fvp
	缫	xvj	缲	xkk	臊	ekks	瘙	ucyj	鳋	qgcj
se	瑟	ggn	色	qc	涩	ivy	啬	fulk	铯	qqcn
	穑	tfuk								
sen	森	sss								
seng	僧	wul								
sha	莎	aiit	砂	ditt	杀	qsu	刹	qsj	沙	iit

（续）

音	字	码	字	码	字	码	字	码	字	码
sha	纱	xitt	傻	wtlt	唅	kwfk	煞	qvt	嗖	kuv
	嘎	kdht	挲	iitr	歃	tfv	铩	qqs	痧	uiit
	裟	iite	霎	fuv	鲨	iitg				
shai	筛	tjgh	晒	jsg	醾	sggy				
shan	嬗	vylg	骟	cynn	膻	eyl	钐	qet	疝	umk
	蟮	judk	舢	temh	珊	khmg	鳝	qguk	栅	gmmg
	苫	ahkf	杉	set	山	mmmm	删	mmgj	煽	oynn
	衫	pue	闪	uw	陕	bgu	擅	ryl	赡	mqd
	膳	eud	善	uduk	汕	imh	扇	ynnd	缮	xud
	剡	ooj	讪	ymh	鄯	udub	埏	fth	芟	amc
	潸	isse	姗	vmmg						
shang	赏	ipkm	墒	fum	伤	wtl	商	um	晌	jtm
	上	h	尚	imkf	裳	ipke	垧	ftm	绱	xim
	殇	gqtr	熵	oum	筋	qetr				
shao	烧	oat	梢	sie	稍	tie	芍	aqy	勺	qyi
	韶	ujv	少	it	哨	kie	邵	vkb	绍	xvk
	劭	vkl	潲	iti	杓	sqyy	筲	tief	艄	teie
she	奢	dft	赊	mwf	蛇	jpx	舌	tdd	赦	fot
	摄	rbcc	射	tmdf	慑	nbcc	涉	ihi	社	py
	设	ymc	库	dlk	佘	wfiu	猞	qtwk	滠	ibcc
	畲	wfil	麝	ynjf						
shen	申	jhk	呻	kjhh	伸	wjhh	身	tmd	屟	dfej
	糁	ocde	砷	djhh	深	ipw	娠	vdf	绅	xjh
	神	pyj	沈	ipq	审	pjh	婶	vpj	甚	adwn
	肾	jce	慎	nfh	渗	icd	诜	ytfq	谂	ywyn
	哂	ksg	沊	ipj	椹	sadn	胂	ejhh	矧	tdxh
sheng	声	fnr	生	tg	甥	tgll	牲	trtg	升	tak
	绳	xkjn	省	ith	盛	dnnl	剩	tuxj	胜	etg
	圣	cff	嵊	mtu	徵	tmgt	晟	jdn	笙	ttgf
shi	式	aa	示	fi	士	fghg	世	an	柿	symh
	事	gk	拭	raa	誓	rryf	逝	rrp	势	rvyl
	是	j	嗜	kftj	噬	kta	适	tdp	仕	wfg
	侍	wff	释	toc	饰	qnth	氏	qa	市	ymhj
	恃	nff	室	pgc	视	pym	试	yaa	收	nh
	谥	yuw	埘	fjfy	莳	ajfu	薯	aftj	弑	qsa
	轼	laa	炻	odg	铈	qymh	螫	fotj	舐	tdqa
	筮	taw	豕	egt	鲥	qgn	师	jgm	失	rw
	狮	qtjh	施	ytb	湿	ijo	诗	yff	尸	nngt
	虱	ntj	十	fgh	石	dgtg	拾	rwgk	时	jf
	什	wfh	食	wyv	蚀	qnj	实	pu	识	ykw
	史	kq	矢	tdu	使	wgkq	屎	noi	驶	ckq
	始	vck								
shou	手	rt	首	uth	守	pf	寿	dtf	授	rep
	售	wyk	受	epc	瘦	uvh	兽	ulg	狩	qtpf
	绶	xep	艏	teu						

（续）

音	字	码	字	码	字	码	字	码	字	码
shu	蔬	anh	枢	saq	梳	syc	殊	gqr	抒	rcb
	输	lwg	叔	hic	舒	wfkb	淑	ihic	疏	nhy
	书	nnh	赎	mfn	孰	ybvy	熟	ybv	薯	alfj
	暑	jft	曙	jl	署	lftj	蜀	lqj	黍	twi
	鼠	vnu	属	ntk	术	sy	述	syp	树	scf
	束	gki	戍	dynt	竖	ucu	墅	jfcf	庶	yao
	数	ovt	漱	igkw	恕	vkn	倏	whtd	塾	ybvf
	菽	ahic	摅	rhan	沭	isyy	澍	ifkf	姝	vri
	纾	xcb	鮛	wgen	腧	ewgj	叐	mcu	秫	tsy
	疋	nhi	薥	ftjn						
shua	刷	nmh	耍	dmjv	唰	knm				
shuai	率	yxif	摔	ryx	衰	ykge	甩	en	帅	jmh
	蟀	jyx								
shuan	栓	swg	拴	rwg	闩	ugd	涮	inm		
shuang	霜	fsh	双	cc	爽	dqq	孀	vfs		
shui	谁	ywyg	水	ii	睡	ht	税	tuk		
shun	吮	kcq	瞬	hep	顺	kd	舜	epqh		
shuo	说	yu	硕	ddm	朔	ubte	烁	oqi	蒴	aub
	搠	rub	妁	vqy	槊	ubts	铄	qqi		
si	斯	adwr	撕	rad	嘶	kad	思	ln	私	tcy
	司	ngk	丝	xxg	死	gqx	肆	dv	寺	ff
	嗣	kmak	四	lh	伺	wng	巳	nngn	厮	dadr
	兕	mmgq	厶	cny	咝	kxxg	汜	inn	泗	ilg
	澌	iadr	姒	vny	驷	clg	缌	xlny	祀	pynn
	锶	qln	鸶	xxgg	耜	dinn	蛳	jjg	笥	tng
	鲥	qgjf								
song	松	swc	耸	wwb	怂	wwn	颂	wcd	送	udp
	宋	psu	讼	ywc	诵	yceh	淞	uswc	菘	aswc
	崧	msw	嵩	mym	忪	nwcy	悚	ngki	凇	iswc
sou	竦	ugki	搜	rvhc	艘	tevc	擞	rovt	嗽	kgkw
	叟	vhc	薮	aovt	嗖	kvhc	喉	kytd	馊	qnvc
	溲	ivh	飕	mqvc	瞍	hvhc	锼	qvhc	螋	jvhc
su	苏	alw	酥	sgty	俗	wwwk	素	gxi	速	gkip
	粟	sou	傈	wso	塑	ubtf	溯	iub	宿	pwdj
	诉	yr	肃	vij	夙	mgq	谡	ylw	蓿	agk
	嗉	kgxi	愫	ngx	涑	igki	簌	tgkw	觫	qegi
	稣	qgty								
suan	酸	sgc	算	tha	狻	qtct				
sui	随	bde	绥	xev	髓	med	虽	kj	隋	bda
	碎	dyw	岁	mqu	穗	tgjn	遂	uep	隧	bue
	祟	bmf	谇	yyw	荽	aev	濉	ihw	邃	pwup
	燧	oue	眭	hff	睢	hwyg				
sun	孙	bi	损	rkm	笋	tvt	荪	abiu	狲	qtbi
	飧	qwye	榫	swyf						

（续）

音	字	码	字	码	字	码	字	码	字	码
suo	蓑	ayk	梭	scw	唆	kcw	缩	xpw	琐	gim
	索	fpx	锁	qim	所	rn	唢	kim	嗦	kfpi
	嗍	kub	娑	iitv	杪	sii	睃	hcw	羧	udct

丅

音	字	码	字	码	字	码	字	码	字	码
ta	塌	fjn	他	wb	它	px	她	vbn	塔	fawk
	獭	qtgm	挞	rdp	蹋	khjn	踏	khij	囵	udpi
	溻	ijn	遢	jnp	榻	sjn	沓	ijf	跶	khey
	鳎	qgjn								
tai	胎	eck	苔	ack	抬	rck	台	ck	泰	dwiu
	酞	sgdy	太	dy	态	dyn	汰	idy	邰	ckb
	薹	afkf	吠	kdy	肽	edy	鲐	cko	钛	qdy
	跆	khck	鲐	qgck						
tan	坍	fmyg	摊	rcwy	贪	wynm	瘫	ucwy	滩	icw
	坛	ffc	檀	syl	痰	uoo	潭	isj	谭	ysj
	谈	yoo	坦	fjg	毯	tfno	袒	pujg	碳	dmd
	探	rpws	叹	kcy	炭	mdo	郯	oob	县	jfcu
	忐	hnu	钽	qjg	锬	qoo	镡	qsjh	覃	sjj
tang	汤	inr	塘	fyv	搪	ryv	堂	ipkf	棠	ipks
	膛	eip	唐	yvh	糖	oyvk	倘	wim	躺	tmdk
	淌	iim	趟	fhi	烫	inro	傥	wipq	帑	vcm
	饧	qnnr	惝	nimk	溏	iyvk	瑭	gyvk	樘	sip
	铴	qin	镗	qipf	糃	diik	螗	jyvk	蟥	jip
	羰	udm	醣	sgyk						
tao	掏	rqr	涛	idt	滔	iev	绦	xts	萄	aqr
	桃	siq	逃	iqp	淘	iqr	陶	bqr	讨	yfy
	套	ddu	鼗	iqfc	啕	kqrm	洮	iiq	韬	fnhv
	焘	dtfo	饕	kgne						
te	铽	qany	忒	ani	特	trf	忑	ghnu		
teng	誊	udyf	滕	eudi	藤	aeu	腾	eud	疼	utu
ti	梯	sux	剔	jqrj	踢	khj	锑	qux	提	rj
	题	jghm	蹄	khuh	啼	ku	体	wsg	替	fwf
	嚏	kfph	惕	njq	涕	iuxt	剃	uxhj	屉	nan
	倜	wmf	悌	nux	逖	qtop	绨	xuxt	缇	xjg
	鹈	uxhg	醒	sgj						
tian	天	gd	添	igd	填	ffh	田	llll	甜	tdaf
	恬	ntd	舔	tdgn	腆	ema	掭	rgdn	菾	gdn
	阗	ufh	殄	gqwe	畋	lty	窴	pwi		
tiao	挑	riq	迢	vkp	眺	hiq	跳	khi	佻	wiq
	苕	avkf	桃	pyiq	蜩	kmfk	笤	tvk	枭	bmo
	龆	hwbk	鲦	qgts	髫	dev				
tie	贴	mhkg	铁	qr	帖	mhh	萜	amhk	餮	gqwe

（续）

音	字	码	字	码	字	码	字	码	字	码
ting	厅	ds	听	kr	烃	oc	汀	ish	廷	tfpd
	停	wyp	亭	yps	庭	ytfp	挺	rtfp	艇	tet
	莛	atfp	葶	ayp	婷	vyp	梃	stfp	铤	qtfp
	蜓	jtfp	霆	ftf						
tong	通	cep	桐	smgk	酮	sgmk	瞳	hu	同	m
	铜	qmgk	彤	mye	童	ujff	桶	sce	捅	rce
	筒	tmgk	统	xyc	痛	uce	佟	wtuy	仝	waf
	茼	amg	恫	kce	恸	nfcl	潼	iujf	砼	dwa
tou	偷	wwgj	投	rmc	头	udi	透	tep	骰	mem
tu	凸	hgm	秃	tmb	突	pwd	图	ltu	徒	tfhy
	途	wtp	涂	iwt	屠	nft	土	ffff	吐	kfg
	兔	qkqy	堍	fqk	荼	awt	菟	aqky	钍	qfg
tuan	酴	sgwt	湍	imdj	团	lfte	抟	rfn	彖	xeu
	疃	luj								
tui	推	rwy	颓	tmdm	腿	eve	蜕	juk	褪	puvp
	退	vep	煺	ovep						
tun	吞	gdk	屯	gb	臀	nawe	氽	wiu	饨	qngn
	暾	jybt	豚	eey						
tuo	鸵	qynx	陀	bpx	驮	cdy	拖	rtb	脱	euk
	托	rtan	驼	cpx	椭	sbd	妥	ev	拓	rd
	唾	ktg	乇	tav	佗	wpx	坨	fpxn	庹	yany
	沱	ipx	柝	sryy	柁	spx	橐	gkhs	砣	dpx
	铊	qpx	箨	trch	酡	sgp	跎	khpx	鼍	kkln

W

音	字	码	字	码	字	码	字	码	字	码
wa	挖	rpwn	哇	kff	洼	iffg	娃	vff	蛙	jff
	瓦	gny	袜	pug	佤	wgn	娲	vkm	膃	ejl
wai	歪	gig	外	qh	崴	mdgt				
wan	琬	gpq	脘	epf	婉	lpq	蜿	jpq	豌	gkub
	弯	yox	湾	iyo	玩	gfq	顽	fqd	丸	vyi
	烷	opf	完	pfq	碗	dpq	挽	rqkq	晚	jq
	皖	rpf	惋	npqb	宛	pqb	婉	vpq	万	dnv
	腕	epq	剜	pqbj	芄	avy	莞	apfq	菀	apqb
	纨	xvyy	绾	xpn						
wang	汪	ig	王	gggg	亡	ynv	枉	sgg	网	mqq
	往	tyg	旺	jgg	望	yneg	忘	ynnu	妄	ynvf
	罔	muy	惘	nmu	辋	lmu	魍	rqcn		
wei	畏	lge	喂	klg	魏	tvr	位	wug	渭	ile
	谓	yle	尉	nfif	慰	nfi	卫	bg	偎	wlge
	逶	ytv	限	blge	圩	fgf	葳	adgt	薇	atm
	味	kfi	帏	mhf	帷	mhw	嵬	mrq	猥	qtle
	猚	qtle	闱	ufn	沩	iyl	洧	ideg	润	ilf
	浼	iqkq	逯	tvp	娓	vntn	玮	gfn	趡	jghh
	夁	gjfk	炜	ofn	煨	olg	痿	utv	舻	ten
	鲔	qgde	威	dgv	巍	mtv	微	tmg	危	qdb

（续）

音	字	码	字	码	字	码	字	码	字	码
wei	韦	fnh	违	fnhp	桅	sqd	围	lfnh	唯	kwyg
	惟	nwy	为	o	潍	ixwy	维	xwy	苇	afn
	萎	atv	委	tv	伟	wfn	伪	wyl	尾	ntf
	纬	xfnh	未	fii	蔚	anf				
wen	瘟	ujl	温	ijl	璺	wfm	蚊	jyy	文	yygy
	闻	ub	纹	xyy	吻	kqr	稳	tqv	紊	yxiu
	问	ukd	刎	qrj	阌	uepc	汶	iyy	雯	fyu
weng	嗡	kwc	翁	wcn	瓮	wcg	蓊	awc	雍	ayxy
wo	挝	rfp	蜗	jkm	涡	ikm	窝	pwkw	我	q
	斡	fjwf	卧	ahnh	握	rng	沃	itdy	倭	wtv
	莴	akm	喔	kngf	幄	mhnf	渥	ing	肟	efn
	硪	dtr	龌	hwbf						
wu	巫	aww	呜	kqng	乌	qng	污	ifn	诬	yaw
	屋	ngc	无	fq	芜	afqb	梧	sgk	吾	gkf
	吴	kgd	毋	xde	武	gah	五	gg	捂	rgkg
	午	tfj	舞	rlg	伍	wgg	侮	wtx	坞	fqng
	戊	dnyt	雾	ftl	晤	kgk	物	tr	勿	qre
	务	tl	悟	ngkg	误	ykg	兀	gqv	仵	wtfh
	阢	bgq	邬	qngb	圬	ffn	芴	aqrr	唔	kgkg
	庑	yfq	忤	nfq	忏	ntfh	浯	igkg	寤	pnhk
	迕	tfp	妩	vfq	婺	cbtv	骛	cbtc	机	sgqn
	悟	trgk	焐	ogk	鹉	gahg	鹜	cbtg	痦	ugkd
	蜈	jkg	鋈	itdq	顗	vnuk				

X

音	字	码	字	码	字	码	字	码	字	码
xi	昔	ajf	熙	ahko	析	sr	西	sghg	硒	dsg
	矽	dqy	晰	jsr	嘻	kfk	吸	ke	锡	qjr
	牺	trs	稀	tqd	息	thn	希	qdm	悉	ton
	膝	esw	夕	qtny	惜	najg	熄	othn	烯	oqd
	溪	iex	汐	iqy	犀	nir	樨	sry	袭	dxy
	席	yam	习	nu	媳	vthn	喜	fku	铣	qtfq
	洗	itf	系	txi	隙	bij	戏	ca	细	xl
	僖	wfkk	兮	wgnb	隰	bjx	郗	qdmb	茜	asf
	菥	asr	蒽	alnu	徙	ath	奚	exd	唏	kqd
	徙	thh	饩	qnrn	阋	uvq	浠	iqdh	淅	isr
	屣	nthh	嬉	vfk	玺	qig	楎	snih	曦	jug
	觋	awwq	歆	qdmw	歙	wgkw	熹	fkuo	禊	pydd
	禧	pyfk	晳	srrf	舄	pwqu	褐	pujr	蜥	jsr
	蟋	jthn	蟋	jto	舄	vqo	舾	tesg	羲	ugtt
	栖	osg	翕	wgkn	醯	sgyl	蹊	vnud		
xia	瞎	hpd	虾	jghy	匣	alk	霞	fnhc	辖	lpdk
	暇	jnh	峡	mgu	侠	wgu	狭	qtgw	下	gh
	厦	ddh	夏	dht	吓	kgh	呷	klh	狎	qtl
	遐	nhf	瑕	gnh	柙	slh	碬	dguw	瘕	unh
	罅	rmhh	黠	lfok						

（续）

音	字	码	字	码	字	码	字	码	字	码
xian	掀	rrq	锨	qrq	先	tfq	仙	wm	鲜	qgu
	纤	xtf	咸	dgk	贤	jcm	衔	tqf	舷	teyx
	闲	usi	涎	ithp	弦	xyx	嫌	vu	显	jo
	险	bwg	现	gm	献	fmud	县	egc	腺	eri
	馅	qnqv	羡	ugu	宪	ptf	陷	bqv	限	bv
	线	xg	冼	utf	苋	amq	莶	awgi	藓	aqgd
	岘	mmqn	猃	qtwi	暹	jwyp	娴	vus	氙	rnm
	燹	eeo	祆	pygd	鹇	usqg	痫	uusi	蚬	jmq
	筅	ttfq	籼	omh	酰	sgtq	跹	khtq	跣	khtp
xiang	饷	qntk	庠	yudk	骧	cyk	缃	xsh	蠁	jqj
	鲞	udqg	飨	xtw	降	bt	相	sh	厢	dsh
	镶	qyk	香	tjf	箱	tsh	乡	xte	翔	udng
	祥	pyu	详	yud	想	shn	响	ktm	享	ybf
	项	adm	巷	awn	橡	sqj	像	wqj	向	tm
	象	qje	芗	axt	葙	ash				
xiao	魈	rqce	萧	avi	硝	die	霄	fie	削	iej
	哮	kft	嚣	kkd	销	qie	消	iie	宵	pie
	淆	iqd	晓	jat	小	ih	孝	ftb	校	suq
	肖	ie	啸	kvi	笑	ttd	效	uqt	哓	kat
	崤	mqde	潇	iavj	逍	iep	骁	catq	绡	xie
	枭	qyns	枵	skg	蛸	jie	筱	twh	箫	tvij
xie	楔	sdh	些	hxf	歇	jqw	蝎	jjq	鞋	afff
	协	fl	挟	rgu	携	rwye	邪	ahtb	斜	wtuf
	胁	elw	谐	yxxr	写	pgn	械	sa	卸	rhb
	蟹	qevj	懈	nqe	泄	iann	泻	ipgg	谢	ytmf
	屑	nied	偕	wxxr	褉	yrve	勰	llln	燮	oyoc
	薤	agqg	撷	rfkm	獬	qtqh	廨	yqe	渫	ians
	楣	sni	躞	khoc						
xin	薪	ausr	芯	anu	锌	quh	欣	rqw	辛	uygh
	新	usr	忻	nrh	心	ny	信	wy	衅	tlu
	囟	tlqi	馨	fnm	莘	auj	狲	qtyg	昕	jrh
xing	歆	ujqw	鑫	qqq	省	ith	星	jtg	腥	ejtg
	猩	qtjg	惺	njt	兴	iw	刑	gajh	型	gajf
	形	gae	邢	gab	行	tf	醒	sgj	幸	fuf
	杏	skf	性	ntg	姓	vtg	陉	bca	荇	atfh
	擤	rthj	悻	nfuf	硎	dgaj				
xiong	兄	kqb	凶	qb	胸	eq	匈	qqb	汹	iqbh
	雄	dcwy	熊	cexo	芎	axb				
xiu	休	ws	修	wht	羞	udn	朽	sgnn	嗅	kthd
	锈	qten	秀	te	袖	pum	绣	xten	咻	kws
	岫	mmg	馐	qnuf	庥	ywsi	溴	ithd	俦	wsq

（续）

音	字	码	字	码	字	码	字	码	字	码
	貅	eew	縠	dews	潊	iwtc	项	gdmy	栩	sng
	煦	jqko	盱	hgf	胥	nhe	糈	onhe	醑	sgne
	墟	fhag	戌	dgnt	需	fdm	虚	hao	嘘	khag
xu	须	ed	徐	twt	许	ytf	蓄	ayx	酗	sgqb
	叙	wtc	旭	vj	序	ycb	畜	yxl	恤	ntl
	絮	vkx	婿	vnhe	绪	xft	续	xfn	诩	yng
	勖	jhl	蓿	apwj	淢	itlg				
	痃	uyx	轩	lf	喧	kpg	铉	qyx	镟	qyth
	宣	pgj	悬	egcn	旋	ytn	玄	yxu	选	tfqp
xuan	癣	uqg	眩	hyx	绚	xqj	儇	wlge	萱	apgg
	揎	rpg	泫	iyx	渲	ipgg	炫	oyx	煊	opg
	碹	dpgg								
xue	学	ip	穴	pwu	雪	fv	血	tld	谑	yhag
	泶	ipi	薛	rrkh	鳕	qgfv				
	浔	ivfy	曛	jtgo	醺	sgto	鲟	qgv	勋	kml
	恂	nqj	洵	iqj	熏	tgl	循	trfh	旬	qj
xun	询	yqj	寻	vf	驯	ckh	巡	vp	殉	gqq
	汛	inf	训	yk	逊	bip	迅	nfp	巽	nna
	郇	qjb	埙	fkmy	荀	aqj	蕈	asjj	薰	atgo
	峋	mqjg	徇	tqj	獯	qtto				

Y

音	字	码	字	码	字	码	字	码	字	码
	压	dfy	押	rl	鸦	ahtg	鸭	lqy	呀	ka
	丫	uhk	芽	aah	牙	ah	蚜	jah	崖	mdff
ya	衙	tgk	涯	idf	雅	ahty	哑	kgo	亚	gog
	讶	yah	伢	wah	垭	fgo	揠	rajv	岈	mah
	迓	ahtp	娅	vgo	琊	gahb	桠	sgog	氩	rngg
	砑	dah	睚	hd	痖	ugog				
	焉	ghgo	咽	kld	阉	udjn	烟	ol	淹	idj
	盐	fhl	严	god	研	dga	蜒	jthp	岩	mdf
	延	thp	言	yyy	颜	utem	阎	uqvd	炎	oo
	沿	imk	奄	djn	掩	rdjn	眼	hv	衍	tif
	演	ipg	艳	dhq	堰	fajv	燕	au	厌	ddi
	砚	dmq	雁	dww	唁	kyg	彦	uter	焰	oqv
yan	宴	pjv	谚	yut	验	cwg	赝	ddl	黡	dwwm
	俨	wgo	偃	wajv	兖	ucq	歠	yfm	鄢	ajv
	鄢	ghgb	芫	afqb	菸	aywu	崦	mdj	恹	nddy
	闫	udd	瘀	uywu	湮	isfg	灩	idhc	妍	vga
	嫣	vgh	琰	goo	檐	sqdy	晏	jpv	胭	eld
	焱	ooou	罨	ldjn	窈	pwxl	筵	tthp	酽	sggd
	魇	ddr	餍	ddw	曮	vnuv				

（续）

音	字	码	字	码	字	码	字	码	字	码
yang	殃	gqm	央	md	鸯	mdq	秧	tmdy	杨	sn
	扬	rnr	佯	wudh	疡	unr	羊	udj	洋	iud
	阳	bj	氧	rnu	仰	wqbh	痒	uud	样	su
	养	udyj	漾	iugi	徉	tud	怏	nmdy	泱	imdy
	炀	onrt	烊	oud	恙	ugn	鞅	afmd		
yao	邀	rytp	腰	esv	妖	vtd	瑶	ger	尧	atgq
	遥	er	窑	pwr	谣	yer	姚	viq	咬	kuq
	舀	evf	药	ax	要	s	耀	iqny	夭	tdi
	爻	qqu	吆	kxy	崾	msv	徭	term	幺	xnny
	珧	giq	杳	sjf	轺	lvk	曜	jnw	肴	qde
	铫	qiq	鹞	ermg	繇	ermi	鳐	qgem		
ye	椰	sbb	噎	kfp	耶	bbh	爷	wqb	野	jfc
	冶	uck	也	bn	页	dmu	掖	ryw	业	og
	叶	kf	曳	jxe	腋	eywy	夜	ywt	液	iyw
	靥	dddl	谒	yjq	邺	ogb	揶	rbb	晔	jwx
	烨	owx	铘	qahb						
yi	一	g	壹	fpg	医	atd	揖	rib	铱	qye
	依	wye	伊	wvt	衣	ye	颐	ahkm	夷	gxw
	遗	khgp	移	tqq	仪	wyq	胰	egx	疑	xtdh
	沂	irh	宜	peg	姨	vg	彝	xgo	椅	sds
	蚁	jyq	倚	wds	已	nnnn	乙	nnll	矣	ctd
	以	c	艺	anb	抑	rqb	易	jqr	邑	kcb
	屹	mtnn	亿	wn	役	tmc	臆	euj	逸	qkqp
	肄	xtdh	疫	umc	亦	you	裔	yem	意	ujn
	毅	uem	忆	nn	义	yq	益	uwl	溢	iuw
	诣	yxj	议	yyq	谊	ype	译	ycf	异	naj
	翼	nla	翌	nuf	绎	xcf	刈	qjh	劓	thlj
	佚	wrw	佾	wwe	诒	yck	圯	fnn	埸	fjq
	懿	fpgn	苡	anyw	荑	agx	薏	aujn	弈	yoa
	奕	yod	挹	rkc	弋	agny	呓	kan	咦	kgx
	咿	kwvt	嗌	kuw	噫	kujn	峄	mcf	嶷	mxt
	猗	qtdk	饴	qnc	怿	ncfh	怡	nck	悒	nkc
	漪	iqtk	迤	tbp	驿	ccf	缢	xuw	殪	gqfu
	轶	lrw	贻	mck	欹	dskw	旖	ytdk	熠	onrg
	眙	hck	钇	qnn	镒	quw	镱	qujn	痍	ugxw
	瘗	uguf	癔	uujn	翊	ung	蜴	jjqr	舣	teyq
	羿	naj	翳	atdn	酏	sgb	黟	lfoq		
yin	洇	ildy	氤	rnl	铟	qldy	夤	qpgw	瘾	ubq
	窨	pwuj	蚓	jxh	霪	fief	龈	hwbe	茵	ald
	因	ld	殷	rvn	音	ujf	阴	be	姻	vld
	吟	kwyn	银	qve	淫	iet	寅	pgm	饮	qnq
	尹	vte	引	xh	隐	bqv	印	qgb	胤	txen
	鄞	akgb	垠	fvey	堙	fsfg	茚	aqgb	吲	kxh
	喑	kuj								

（续）

音	字	码	字	码	字	码	字	码	字	码
ying	英	amd	樱	smmv	婴	mmv	鹰	ywwg	应	yid
	缨	xmm	莹	apgy	萤	apj	营	apkk	荧	apo
	蝇	jk	迎	qbp	赢	ynky	盈	ecl	影	jyie
	颖	xtd	硬	dgj	映	jmd	嬴	ynky	郢	kgbh
	茔	apff	荥	api	莺	apq	萦	apx	鎣	apqf
	撄	rmm	嘤	kmm	膺	ywwe	滢	iapy	潆	iapi
	瀛	iyny	瑛	gam	璎	gmmv	楹	secl	媵	eudv
	鹦	mmvg	瓔	ummv	颍	xidm	蛵	jud	罂	mmrm
yo	哟	kxq	唷	kyc						
yong	拥	reh	佣	weh	臃	eyx	踊	khc	蛹	jceh
	痈	uek	庸	yveh	雍	yxt	勇	cel	用	et
	泳	iyni	永	yni	愿	cen	喁	kjm	慵	nyvh
	俑	wce	壅	yxtf	墉	fyvh	鳙	qgyh	饔	yxte
	邕	vkc	镛	qyvh	甬	cej				
you	幽	xxm	优	wdn	悠	whtn	忧	ndn	由	mh
	邮	mb	铀	qmg	犹	qtdn	油	img	游	iytb
	酉	sgd	有	e	友	dc	右	dk	佑	wdk
	釉	tom	诱	yte	又	cccc	幼	xln	卣	hln
	攸	whty	侑	wde	莠	ate	莜	awh	莸	aqtn
	尢	dnv	呦	kxl	囿	lde	宥	pdef	柚	smg
	猷	usgd	牖	thgy	销	qdeg	疣	udnv	蚰	jmg
	蚴	jxl	蝣	jytb	鱿	qgd	黝	lfol	鲉	vnum
yu	毓	txgq	伛	waqy	俣	wkgd	谀	yvwy	谕	ywgj
	萸	avwu	蓣	acbm	揄	rwgj	圄	lgkd	圉	lfuf
	崳	mwgj	狳	qtwt	饫	qntd	馀	qnw	庾	yvw
	阈	uak	鬻	xoxh	妪	vaq	妤	vcbh	纡	xgf
	瑜	gwg	昱	juf	觎	wgeq	腴	evw	欤	gngw
	於	ywu	煜	oju	燠	otm	聿	vfhk	钰	qgyy
	鹆	wwkg	鹬	cbtg	瘐	uvw	瘀	uywu	窬	pwwj
	窳	pwry	蜮	jak	蝓	jwgj	竽	tgf	奥	vwi
	舁	vaj	雩	ffnbn	齬	hwbk	迂	gfp	淤	iywu
	于	gf	盂	blf	榆	swgj	虞	hakd	愚	jmhn
	舆	wfl	余	wtu	俞	wgej	逾	wgep	鱼	qgf
	愉	nwg	渔	iqgg	隅	bjm	予	cbj	娱	vkgd
	雨	fghy	与	gn	屿	mgn	禹	tkm	宇	pgf
	语	ygk	羽	nny	玉	gy	域	fakg	芋	agf
	郁	deb	吁	kgfh	遇	jm	喻	kwgj	峪	mwwk
	御	trh	愈	wgen	欲	wwkw	狱	qtyd	育	yce
	誉	iwyf	浴	iww	寓	pjm	裕	puw	预	cbd
	豫	cbq	驭	ccy	禺	jmhy				

（续）

音	字	码	字	码	字	码	字	码	字	码
	鸳	qbq	渊	ito	冤	pqk	元	fqb	垣	fgjg
	袁	fke	原	dr	援	ref	辕	lfk	园	lfq
	员	km	圆	lkmi	猿	qtfe	源	idr	缘	xxe
yuan	远	fqp	苑	aqb	愿	drin	怨	qbn	院	bpf
	垸	fpf	塬	fdr	掾	rxe	圜	llg	沅	ifq
	媛	vefc	瑗	gefc	橼	sxxe	爰	eft	智	qbhf
	鸢	aqyg	螈	jdr	箢	tpq	鼋	fqkn		
	曰	jhng	约	xq	越	fha	跃	khtd	钥	qeg
yue	岳	rgm	粤	tlo	月	eeee	悦	nuk	阅	uuk
	龠	wgka	瀹	iwga	樾	sfht	刖	ejh	钺	qant
	乐	qi								
	耘	difc	云	fcu	郧	kmb	匀	qu	陨	bkm
	允	cq	运	fcp	蕴	axj	晕	jp	韵	ujqu
yun	酝	sgf	孕	ebf	郓	plb	芸	afcu	狁	qtc
	恽	npl	愠	njlg	纭	xfc	韫	fnhl	殒	gqk
	昀	jqu	氲	rnjl	熨	nfio				

Z

音	字	码	字	码	字	码	字	码	字	码
za	匝	amh	砸	damh	杂	vs	拶	rvq		
zai	哉	fak	灾	po	宰	puj	载	fa	再	gmf
	在	d	崽	mln	甾	vlf	栽	fas		
zan	咱	kth	攒	rtfm	暂	lrj	赞	tfqm	瓒	gtfm
	昝	thj	簪	taq	糌	othj	趱	fht	錾	lrq
zang	赃	myf	脏	eyf	葬	agq	奘	nhdd	驵	ceg
	臧	dnd								
	遭	gmap	糟	ogmj	凿	ogu	藻	aik	枣	gmiu
zao	早	jh	澡	ikk	蚤	cyj	躁	khks	噪	kkks
	造	tfkp	皂	rab	灶	of	燥	okk	唣	kra
	责	gmu	择	rcf	则	mj	泽	icf	仄	dwi
ze	赜	ahkm	啧	kgm	帻	mhgm	迮	thfp	昃	jdw
	箦	tgmu	舴	tetf						
zeng	增	fu	憎	nul	曾	ul	赠	mu	缯	xul
	甑	uljn	罾	lul	锃	qkg				
	扎	rnn	喳	ksj	渣	isjg	札	snn	轧	lnn
	铡	qmj	闸	ulk	眨	htp	栅	smm	榨	spw
zha	咋	kthf	炸	oth	诈	yth	揸	rsj	吒	ktan
	咤	kpta	哳	krrh	楂	ssj	砟	dth	痄	uthf
	蚱	jthf	鲝	thlg						
zhai	摘	rum	斋	ydm	宅	pta	窄	pwtf	债	wgmy
	寨	pfjs	砦	hxd	瘵	uwf				

（续）

音	字	码	字	码	字	码	字	码	字	码
zhan	瞻	hqd	毡	tfnk	詹	qdw	粘	oh	沾	ihk
	盏	glf	斩	lr	辗	lna	崭	ml	展	nae
	蘸	asgo	栈	sgt	占	hk	战	hka	站	uh
	湛	iad	绽	xpg	谵	yqdy	搌	rnae	游	ytmy
zhang	长	ta	樟	suj	彰	uje	漳	iuj	张	xt
	掌	ipkr	涨	ix	杖	sdy	丈	dyi	帐	mht
	账	mta	仗	wdyy	胀	eta	瘴	uujk	障	buj
	仉	wmn	鄣	ujb	幛	mhuj	嶂	muj	獐	qtuj
	嫜	vujh	璋	guj	蟑	jujh				
zhao	招	rvk	昭	jvk	找	ra	沼	ivk	赵	fhq
	照	jvko	罩	lhj	兆	iqv	肇	ynth	召	vkf
	着	udh	诏	yvk	棹	shj	钊	qjh	笊	trhy
zhe	遮	yaop	折	rr	哲	rrk	蛰	rvyj	辙	lyc
	者	ftj	锗	qft	蔗	aya	这	p	浙	irr
	谪	yum	摺	rnrg	柘	sdg	辄	lbn	磔	dqa
	鹧	yaog	褶	punr	蜇	rrj	赭	fofj		
zhen	胗	ewe	朕	eudy	祯	pyhm	畛	lwet	槇	tfhw
	赈	mdfe	鸩	pqqg	箴	tdgt	珍	gw	斟	adwf
	真	fhw	甄	sfgn	砧	dhkg	臻	gcft	贞	hmu
	针	qf	侦	whm	枕	spq	疹	uwe	诊	ywe
	震	fdf	振	rdf	镇	qfhw	阵	bl	圳	fkh
	蓁	adwt	浈	ihm	缜	xfh	桢	shm	轸	lwe
zheng	蒸	abio	挣	rqvh	睁	hqvh	征	tgh	狰	qtqh
	争	qv	怔	ngh	整	gkih	拯	rbi	正	ghd
	政	ght	帧	mhhm	症	ugh	郑	udb	证	ygh
	诤	yqvh	峥	mqvh	钲	qghg	铮	qqv	筝	tqvh
zhi	埴	ffhg	芷	ahf	摭	rya	帙	mhrw	巘	xgxx
	忯	nyk	骘	bhic	枾	sab	枳	skw	栀	srgb
	桎	sgcf	轵	lkw	轾	lgc	贽	rvym	胝	eqa
	膣	epwf	祉	pyhg	衹	pyqy	崭	ogui	雉	tdwy
	鸷	ryvg	痣	ufni	絷	rvyi	酯	sgxj	跱	khdg
	踬	khrm	蹢	khub	豸	eer	觯	qeuf	芝	ap
	枝	sfc	支	fc	吱	kfc	蜘	jtdk	肢	efc
	脂	ex	汁	ifh	之	pppp	织	xkw	职	bk
	直	fh	植	sfhg	殖	gqfh	执	rvyy	值	wfhg
	侄	wgcf	址	fhg	指	rxj	止	hh	趾	khh
	只	kw	旨	xj	纸	xqa	志	fn	挚	rvyr
	掷	rudb	至	gcf	致	gcft	置	lfhf	帜	mhkw
	峙	mff	制	rmhj	智	tdkj	秩	trw	质	rfm
	炙	qo	痔	uffi	滞	igk	治	ick	窒	pwg
	厄	rgbv	陟	bhi	郅	gcfb				

（续）

音	字	码	字	码	字	码	字	码	字	码
zhong	中	k	蛊	khl	忠	khn	钟	qkhh	衷	ykhe
	终	xtu	种	tkh	肿	ekh	重	tgj	仲	wkhh
	众	www	冢	pey	锺	qtgf	螽	tujj	舯	tek
	踵	khtf								
zhou	舟	tei	周	mfk	州	ytyh	洲	iyt	诌	yqv
	粥	xox	轴	lm	肘	efy	帚	vpm	咒	kkm
	皱	qvhc	宙	pm	昼	nyj	骤	cbc	荮	axf
	啁	kmf	妯	vm	纣	xfy	绉	xqv	胄	mef
	碡	dgx	箍	trql	酎	sgfy				
zhu	注	iy	祝	pyk	驻	cy	伫	wpg	侏	wri
	洙	iri	渚	ift	潴	iqtj	杼	scb	槠	syfj
	爊	qtfs	炷	oyg	铢	qri	痤	uygd	瘃	uey
	竺	tff	箸	tft	舳	temg	躅	khlj	麈	ynjg
	珠	gri	株	sri	蛛	jri	朱	ri	猪	qtfj
	诸	yft	诛	yri	逐	epi	竹	ttg	烛	oj
	煮	ftjo	拄	ryg	瞩	hnt	主	y	著	aft
	柱	syg	助	egl	蛀	jyg	贮	mpg	铸	qdt
	筑	tam	住	wygg						
zhua	抓	rrhy	爪	rhyi	拽	rjx				
zhuan	专	fny	砖	dfny	转	lfn	撰	rnnw	赚	muv
	篆	txe	啭	klfy	馔	qnnw	颛	mdmm		
zhuang	桩	syf	庄	yfd	装	ufy	妆	uv	撞	ruj
	壮	ufg	状	udy	僮	wuj				
zhui	椎	swy	锥	qwy	追	wnnp	赘	gqtm	坠	bwff
	缀	xccc	惴	nmdj	骓	cwyg	缒	xwnp	隹	wyg
zhun	谆	yybg	准	uwy	肫	egb	窀	pwgn		
zhuo	捉	rkh	拙	rbm	桌	hjs	琢	gey	茁	abm
	酌	sgq	啄	keyy	着	udh	灼	oqy	浊	ij
	倬	whjh	诼	yey	擢	rnwy	浞	ikhy	涿	ieyy
	濯	inwy	祚	pytf	糕	pyuo	斫	drh	镯	qlqj
zi	恣	uqwn	眦	hhx	镏	qvl	秭	ttnt	籽	dib
	第	ttnt	粢	uqwo	赵	fhuw	觜	hxq	訾	hxy
	蚍	hwbx	鲻	qgvl	髭	dehx	兹	uxx	咨	uqwk
	资	uqwm	姿	uqwv	滋	iuxx	淄	ivl	孜	bty
	紫	hxx	仔	wbg	籽	ob	滓	ipu	子	bb
	自	thd	渍	igm	字	pb	谘	yuq	嵫	muxx
	姊	vtnt	孳	uxxb	缁	xvl	梓	suh	辎	lvl
zong	赀	hxm	鬃	depi	棕	spf	宗	pfi	综	xpf
	总	ukn	纵	xww	傯	wqrn	腙	epfi	粽	opfi

（续）

音	字	码	字	码	字	码	字	码	字	码	字	码
zou	邹	qvb	走	fhu	奏	dwg	揍	rdwd	诹	ybc
	陬	bbc	鄹	bctb	驺	cqv	鲰	qgbc		
zu	租	teg	足	khu	族	ytt	祖	pye	卒	ywwf
	诅	yeg	阻	begg	组	xeg	俎	wweg	菹	aie
	镞	qytd								
zuan	钻	qhk	纂	thdi	攥	rthi	缵	xtfm	躜	khtm
zui	嘴	khx	醉	sgy	最	jb	罪	ldj	蕞	ajb
zun	尊	usg	遵	usgp	撙	rus	樽	susf	鳟	qguf
zuo	昨	jt	左	da	佐	wda	柞	sth	做	wdt
	作	wt	坐	wwf	座	yww	阼	bth	唑	kww
	嘬	kjb	怍	nth	胙	eth	笮	tth	酢	sgtf

参 考 文 献

[1] 李政. 计算机汉字输入技术的现状和发展趋势[J]. 松辽学刊（自然科学版），1999（2）：
     33-36.

[2] 刘永，许烨婧，武利红，等. 键盘汉字输入法国家标准现状及对策研究[J]. 河南科技，
     2015（5）：21-23.